TURING 图灵原创

U0733639

LangChain 编程

从入门到实践

第2版

李多多(@莫尔索)——— 著

人民邮电出版社

北 京

图书在版编目（CIP）数据

LangChain编程：从入门到实践 / 李多多著.
2版. -- 北京：人民邮电出版社，2025. --（图灵原创
）. -- ISBN 978-7-115-67142-4

Ⅰ．TP311.561

中国国家版本馆CIP数据核字第2025HK3810号

内 容 提 要

LangChain 为开发者提供了一套强大而灵活的工具，使其能够轻松构建和优化大模型应用。本书以简洁而实用的方式引导读者入门大模型应用开发，涵盖 LangChain 的核心概念、原理和高级特性，通过实例细致解读了 LangChain 框架的核心模块和源码，并结合 DeepSeek 等，为读者提供了在实际项目中应用 LangChain 的指导。这一版在第 1 版的基础上进行了全面更新，并新增了对 LangGraph 库的详细讲解等内容。无论是初学者还是有经验的开发者，都能从中受益，能够将 LangChain 的独特之处融入编程实践。

本书适合大模型应用开发初学者阅读。

◆ 著　　　　李多多（@莫尔索）
　　责任编辑　王军花
　　责任印制　胡　南
◆ 人民邮电出版社出版发行　　北京市丰台区成寿寺路11号
　　邮编　100164　电子邮件　315@ptpress.com.cn
　　网址　https://www.ptpress.com.cn
　　大厂回族自治县聚鑫印刷有限责任公司印刷
◆ 开本：800×1000　1/16
　　印张：13.75　　　　　　　　2025 年 7 月第 2 版
　　字数：289 千字　　　　　　2025 年 7 月河北第 1 次印刷

定价：69.80元

读者服务热线：(010)84084456-6009　印装质量热线：(010)81055316
反盗版热线：(010)81055315

2022 年 11 月 30 日，OpenAI 发布了 ChatGPT，经过两年的发展，它不仅成为生成式 AI 领域的热门话题，更开启了新一轮技术革命。从最初的 GPT-3.5 模型到现在的 o1 模型，OpenAI 的每一次技术更新都拓展了我们对于人工智能可能性的想象边界：最开始，用户仅能通过文字方式和 ChatGPT 交互，现如今，它已经具备听、说、看的能力。与此同时，全球范围内的 AI 技术竞争也愈发激烈，国内一家名为深度求索（DeepSeek）的公司正以惊人的速度崭露头角。深度求索成立于 2023 年 7 月，凭借其开源模型 DeepSeek-R1 引发了一场全球技术风暴。这款模型不仅性能比肩 OpenAI 的 o1 正式版，还通过工程改进大幅降低了训练成本，这使得它在算力优化和应用场景方面展现了巨大的潜力。DeepSeek 的出现标志着国内通用人工智能领域的快速崛起，也为全球开发者提供了更多选择和可能性。

文字是思想的载体。第一次看到 ChatGPT 的演示时，我就被其流畅的语言表达和丰富的想象力深深吸引。它与以往我接触的任何智能对话机器人都截然不同，仿佛有自己的"思考"。我意识到一个全新的时代即将到来，作为一名程序员，我开始思考如何将自己的编程能力与 AI 结合起来，以利用这种技术。而 DeepSeek 的发展让我更加确信，AI 技术的未来不仅仅是大公司的舞台，而是全球开发者共同参与的生态。正如 DeepSeek 所展现的那样，开源与协作正在推动技术的快速迭代和普及。

当出版社的编辑老师第一次联系我，提出出版一本关于 LangChain 的书的想法时，我感到既兴奋又忐忑，我写电子书原本只是在网络上分享个人学习经验，没想到会受到关注。其实我也只是一个对 ChatGPT 的了解比大家稍微多一点的初学者，因为这个领域很新，所以我决定将自己学到的内容分享到网络上，希望能帮到有需要的朋友。2025 年以来，AI 技术日新月异，作为程序员，既要站在浪头紧跟技术趋势，也要脚踏实地，将自己的所学落实到具体的每一行代码，身体力行地去实践。LangChain 开发框架无疑是当下最好的载体，它定义了大模型时代应用开发的新范式，尽管后面出现了众多不论在架构设计上还是代码质量上都可圈可点的框架，但是在社区繁荣度、开发者参与度以及广泛性和兼容性方面，无出其右，而且 LangChain 本身也在不断进化。希望本书能够起到抛砖引玉的作用，带领大家步入 AI 应用开发世界，在各自的深耕领域利用 AI 大放异彩。正如 DeepSeek 和 ChatGPT 这样的技术进步所展现的那样，AI 的真正竞争才刚刚开始，未来充满了未知与可能。

这是一本面向各层次读者的入门书，旨在帮助大家理解和掌握如何使用 LangChain 框架开发大模型应用。本书提供了一条从基础到实践的 LangChain 编程学习路径，包含理论知识、示例、练习和案例研究。通过阅读本书，读者将能够深入理解和掌握 LangChain 的主要概念和使用技能，并为进一步探索和利用 LangChain 开发实际大模型应用奠定基础。

本书从 LangChain 的基础知识开始，逐步深入到复杂的应用开发实践中。你将了解到 LangChain 的产生背景、核心概念和模块、与其他框架的比较，以及模型输入与输出的处理、链的构建、记忆管理等高阶主题。此外，本书还涵盖了 RAG、智能代理设计等前沿技术，以及构建多模态智能机器人、社区和资源等实用主题。

经过一年多的发展，LangChain 已经发生了许多变化。因此，我们推出了本书的第 2 版，旨在帮助读者了解 LangChain 的最新功能。这一版在第 1 版的基础上进行了以下更新。

- ❏ 新增了对 LangGraph 库的详细讲解，该库专门用于构建代理工作流应用。
- ❏ 移除了 Chain 组件的相关内容，包括 `StuffDocumentsChain` 和 `ConversationalRetrievalChain` 等接口的介绍。
- ❏ 迁移了 `ConversationBufferMemory` 和 `ConversationStringBufferMemory` 等传统记忆组件的使用方法。
- ❏ 将 LangChain 核心代码从 langchain_core.pydantic_v1 迁移到 pydantic_v2。

❑ 使用 langchain-core、langchain-[partner] 和 langchain-community 等 SDK 替代原有的 langchain 包，并将所有链的调用方式改写为 LCEL。

❑ 全面支持 LangChain 0.3 及以上版本的代码示例和说明。

❑ 代码示例由 OpenAI 大模型替换为国内的通义千问大模型和 DeepSeek 大模型。

最后，我要感谢人民邮电出版社图灵公司辛勤工作的王老师以及其他编辑老师，也感激我的女友对于我忙于写作而无暇陪伴的理解，还要感谢所有在本书写作过程中支持我、与我分享知识和经验的社区成员们。希望本书能为大家带来知识、灵感和乐趣。

李多多（@莫尔索）

2025 年 3 月 3 日

## 第 1 章

LangChain 简介

本章从 LangChain 的产生背景、核心概念和模块，以及与其他框架的比较这三个方面快速了解 LangChain。

1.1 LangChain 的产生背景

LangChain 的发展和大模型密切相关，所以必须先从大模型技术的发展谈起。

1.1.1 大模型技术浪潮

如果我问你"当下最热门的技术是什么？"，想必你会毫不犹豫地回答："人工智能大语言模型（large language model，LLM，简称大模型）技术！"但如果现在不是 2025 年而是 2013 年，你的回答还会这么坚定吗？

其实大模型的发展从十多年前就开始初露端倪，特别是在自然语言处理（natural language processing，NLP）领域。图 1-1 形象地展现了大模型的进化过程。下面简单回顾这些年重要的里程碑事件。

- word2vec（2013）：2013 年，谷歌推出 word2vec，一种从文本数据中学习单词嵌入（word embedding）的技术，它能够捕捉到单词之间的语义关系，并且在很多 NLP 任务中取得了显著效果。
- Seq2Seq 与注意力机制（2014~2015）：谷歌的 Seq2Seq（sequence-to-sequence）模型和注意力（attention）机制对机器翻译和其他序列生成任务产生了重要影响，提升了模型处理长序列数据的能力。
- Transformer 模型（2017）：谷歌的论文"Attention Is All You Need"介绍了 Transformer模型，这是一种全新的基于注意力机制的架构，并成为后来很多大模型的基础。

- BERT（2018）：谷歌的 BERT（Bidirectional Encoder Representations from Transformers）模型采用了 Transformer 架构，并通过双向上下文来理解单词的意义，大幅提高了语言理解的准确性，并在多个 NLP 任务上取得了当时的最优结果。

- T5（2019）：谷歌的 T5（Text-to-Text Transfer Transformer）模型将不同的 NLP 任务，如分类、相似度计算等，都统一到一个文本到文本的框架里进行解决，这样的设计使得单一模型能够处理翻译、摘要和问答等多种任务。

- GPT-3（2020）：OpenAI 进一步推出了 GPT-3（Generative Pre-trained Transformer 3），这是一个拥有 1750 亿个参数的巨型模型，它在很多 NLP 任务上无须进行特定训练即可达到很好的效果，显示出了令人惊叹的零样本（zero-shot）和少样本（few-shot）学习能力。

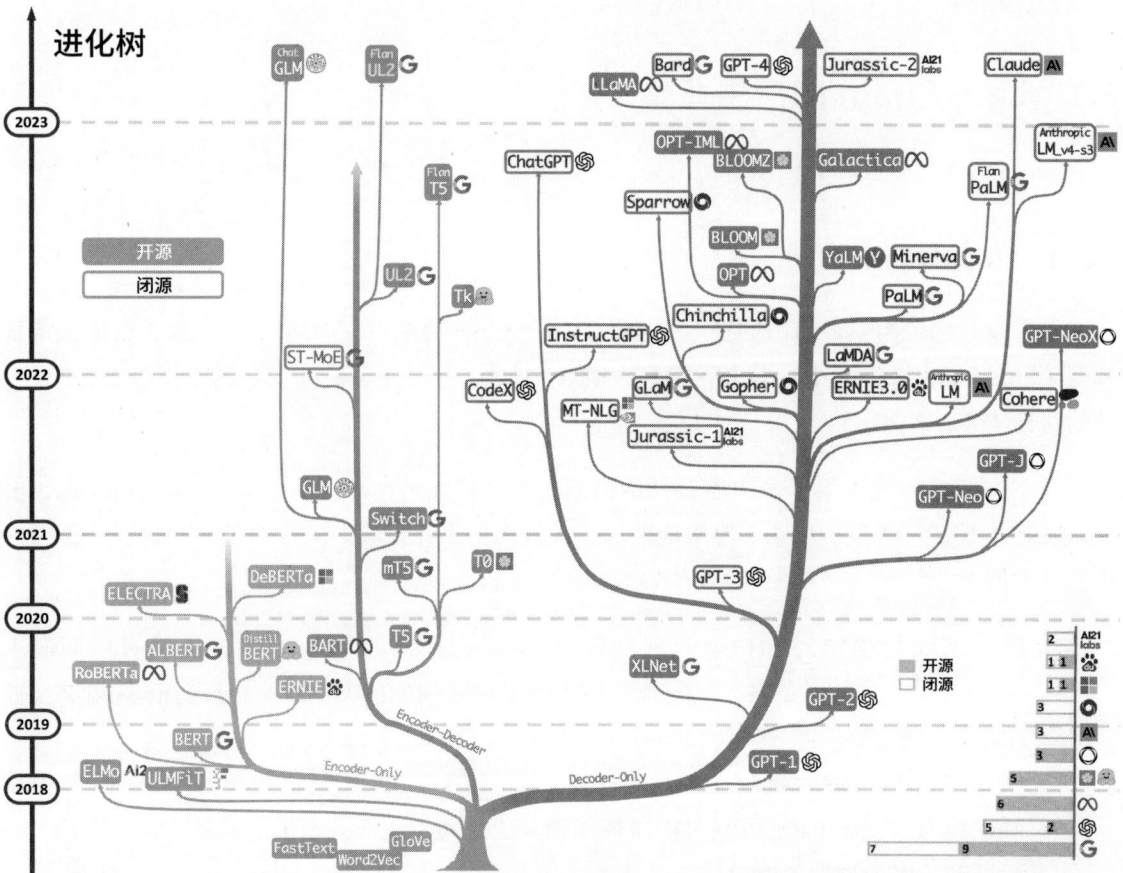

图 1-1 大模型进化树，来自论文 "Harnessing the Power of LLMs in Practice: A Survey on ChatGPT and Beyond"

这些技术创新不仅推动了 NLP 领域的快速发展，也极大地影响了人们与计算机的交互方式，并促进了自动翻译服务的普及和智能助手等应用的兴起。伴随着技术的不断迭代，可以预见，未来出现更强大、更智能的语言模型是必然趋势。2022 年 11 月 ChatGPT 横空出世，**生成式人工智能**（generative artificial intelligence，GenAI）和大模型产业迎来大爆发，让人们看到了实现通用人工智能（artificial general intelligence，AGI）的希望，整个行业开始经历前所未有的快速变革，全球知名高校和顶尖科技公司纷纷加大对该领域的科研和投资力度。下面通过对几个重大事件的叙述，一同感受这场席卷全球、日新月异的科技革命浪潮。

- 2022 年 11 月 30 日，OpenAI 发布基于 GPT-3.5 模型调优的新一代对话式 AI 模型 ChatGPT。该模型能够自然地进行多轮对话，精确地回答问题，并生成编程代码、电子邮件、学术论文和小说等多种文本。
- 2023 年 2 月 24 日，Meta 开源其新模型 Llama，它的性能超越了 OpenAI 的 GPT-3。
- 2023 年 3 月 14 日，OpenAI 推出多模态模型 GPT-4，其回答准确度较 GPT-3.5 提升了 40%，在众多领域的测试中超越了大部分人类的水平。
- 2023 年 3 月 31 日，加州大学伯克利分校联合卡内基 - 梅隆大学、斯坦福大学、加州大学圣迭戈分校和穆罕默德·本·扎耶德人工智能大学推出开源模型 Vicuna-13B，这个拥有 130 亿参数的模型仅需 300 美元的训练成本，为 AI 领域带来了重大突破。
- 2023 年 5 月 10 日，谷歌在年度开发者大会 Google I/O 上，推出支持对话导出、编码生成以及新增视觉搜索和图像生成功能的 PaLM 2 AI 语言模型。
- 2023 年 7 月 12 日，Anthropic 发布新型 AI Claude 2，它支持多达 10 万 token（约 4 万～ 5 万个汉字）的上下文处理，并且在安全性和编码、数学及推理方面表现出色。
- 2023 年 7 月 19 日，Meta 推出包含 70 亿、130 亿、700 亿参数版本的模型 Llama 2，其性能赶上了 GPT-3.5。
- 2023 年 12 月 7 日，谷歌发布原生多模态大模型 Gemini。
- 2024 年 3 月 4 日，Anthropic 发布 Claude 3 系列模型。
- 2024 年 5 月 4 日，OpenAI 发布最新多模态大模型 GPT-4o，支持文本、音频和图像的任意组合输入，并能生成文本、音频和图像的任意组合输出。
- 2024 年 7 月 23 日，Meta 开源 Llama 3.1 系列模型，共有 80 亿、700 亿和 4050 亿三种参数版本，达到了与业界领先的闭源模型相同的竞争力水平。
- 2024 年 9 月 12 日，OpenAI 正式推出全新的推理模型 o1。
- 2024 年 12 月 11 日，谷歌发布 Gemini 2。
- 2024 年 12 月 26 日，DeepSeek 发布 DeepSeek-V3 并同步开源。

❑ 2025 年 1 月 20 日，DeepSeek 发布推理模型 DeepSeek-R1 并同步开源。

国内从业者和企业的参与热情同样高涨，纷纷宣布加入大模型竞赛并推出新产品。从 2023 年 3 月至今，几乎每个月都有企业推出自己的大模型产品，通过如图 1-2 所示的时间线可以体会到行业热度之高。

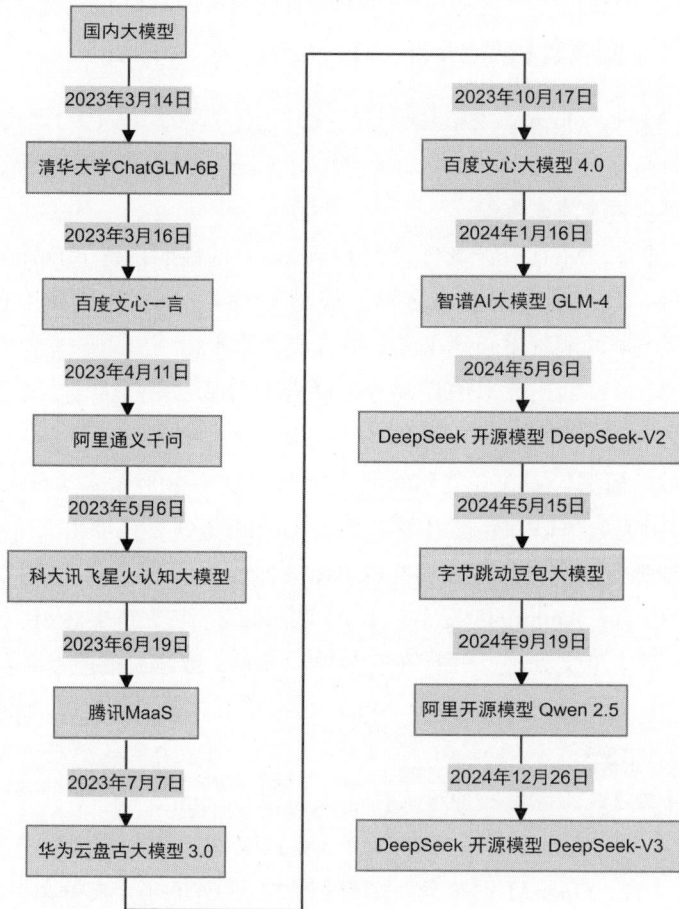

图 1-2　国内大模型"军备竞赛"

❑ 2023 年 3 月 14 日，清华大学 KEG 实验室与智谱 AI 开源了中英双语对话模型 ChatGLM-6B，它可以在单块消费级显卡上使用。

❑ 2023 年 3 月 16 日，百度发布类 ChatGPT 产品"文心一言"，它在文学创作、文案撰写和逻辑推理等方面表现出色且性能持续提升。

❑ 2023 年 4 月 11 日，阿里在阿里云峰会上推出大模型"通义千问"。

❑ 2023 年 5 月 6 日，科大讯飞推出"讯飞星火认知大模型"并进行了现场演示。

❑ 2023 年 6 月 19 日，腾讯宣布大模型研发进展，并向客户提供 model-as-a-service（MaaS）服务，协助客户构建专属 AI 模型与应用。

❑ 2023 年 7 月 7 日，华为在开发者大会上发布大模型——华为云盘古大模型 3.0。

❑ 2023 年 10 月 17 日，百度宣布文心大模型 4.0 正式发布。

❑ 2024 年 1 月 16 日，智谱 AI 推出新一代基座大模型 GLM-4。

❑ 2024 年 5 月 6 日 DeepSeek 开源模型 DeepSeek-V2。

❑ 2024 年 5 月 15 日，字节跳动发布豆包大模型家族。

❑ 2024 年 9 月 19 日，阿里云发布通义千问新一代开源模型 Qwen 2.5。

❑ 2024 年 12 月 26 日，DeepSeek 开源模型 DeepSeek-V3。

在这个快速发展的人工智能时代，大模型已成为众多企业战略布局的核心。软件开发工程师正处于一个历史转折点，必须及时适应这种变革，并掌握以大模型为中心的开发新范式，以确保在未来的竞争中占据有利地位。

大模型的崛起正在重塑软件开发的前景，开发者需要面对被淘汰的风险，同时也迎来了转型的机遇。在 2023 中关村论坛·人工智能大模型发展论坛上，科技部新一代人工智能发展研究中心发布的《中国人工智能大模型地图研究报告》揭示了国内在大模型领域建立的理论和技术体系及其在全球范围内的竞争地位。报告指出，通用大模型的快速发展，正在将 AI 应用从传统的办公、生活、娱乐扩展到医疗、工业、教育等更多关键领域。微软首席执行官纳德拉的观点"所有产品都应考虑融入 AI"，进一步突显了智能化的趋势。随着智能化时代的到来，AI 的力量将渗透到每一个行业，如何有效地将大模型技术融入具体的应用中，以充分发挥其在工作和生活中的潜能，这是我们当前面临的实际挑战。

1.1.2　大模型时代的开发范式

随着大模型（如 DeepSeek、通义千问等）的崛起，软件开发范式正经历一场革命性的变革。这些模型不仅能够理解和生成自然语言，还能够编写和理解代码，推动软件开发工作向更高效、更智能的方向发展。在这个时代，开发者的角色在逐渐转变：从编写每一行代码，到指导大模型生成和修改代码，以确保它们满足特定的业务需求和性能标准。这要求开发者不仅要深入理解编程语言的细节，还要掌握如何与大模型交互，以获取最有价值的输出。在应用开发领域，大模型的潜在价值主要体现在以下几个方面。

- **代码自动生成与优化**：大模型可以协助开发者生成代码框架，甚至完成复杂的编程任务，极大地提升开发效率。此外，通过分析和学习大量的代码库，大模型能够在代码质量保证方面提供建议，帮助开发者发现潜在的错误和性能瓶颈。
- **个性化软件开发**：大模型能够根据用户的具体需求和偏好，定制个性化的软件开发解决方案，使得软件产品更加符合市场和个人用户的需求。
- **知识整合与迁移**：大模型在整合不同领域的知识和迁移学习方面拥有巨大的潜力，有助于实现跨领域应用开发。例如，医疗健康领域的数据可以通过大模型转化为对医生和患者都有价值的信息。
- **自然语言与其他语言的转换**：大模型能够将自然语言查询转换为特定领域的脚本语言（如 DSL），进而操作数据库，生成图表或用户界面（UI），这为非技术用户提供了巨大的便利。
- **教育与培训**：大模型可以根据用户的学习进度和风格定制教材和练习，提供个性化的学习体验。在软件开发领域，它们可以成为新手的教练，通过实时反馈加速学习过程。
- **增强人机交互**：通过大模型，应用程序能够以更加自然的方式与用户进行交流，提供更加人性化的交互体验。这种交互不仅限于文字，也可以扩展到语音和视觉等其他模态。

开发者可以采用针对性的策略来充分挖掘大模型的潜力，比如通过与大模型的交互，发现并尝试不同的提示词（prompt）来生成所需的代码片段或架构设计解决方案；将大模型集成到现有的开发流程中，作为一个助手工具来自动化烦琐的任务，如代码审查、bug 修复和文档编写；与数据科学家和 AI 研究者协作，共同优化大模型应用，以及定制模型来解决复杂问题。

随着大模型技术的持续演进，开发者需要不断学习和适应新的工具和方法，理解模型的更新对现有系统可能产生的影响，并及时调整开发策略。本书的主角——LangChain 框架的兴起与大模型时代的开发范式密切相关。这个框架利用了大模型的强大功能，提供了一种构建 AI 应用的新方式。它允许开发者快速集成和使用 GPT-4 系列模型，以增强应用程序。LangChain 不仅简化了大模型的集成过程，还为开发者提供了一种利用 AI 解决问题的新方法。

1.1.3 LangChain 框架的爆火

LangChain 作为开源项目首次进入公众视野是在 2022 年 10 月，这个项目很快在 GitHub [①] 上获得大量关注（如图 1-3 所示），进而转变成一家迅速崛起的初创企业，LangChain 的作者 Harrison Chase 也自然成为这家初创企业的 CEO。尽管 LangChain 在早期没有产生收入，也没有明确的商业化计划，却在短时间内获得了 1000 万美元的种子轮融资，紧接着又获得 2000 万～

① GitHub 是世界上最大的在线软件源代码托管服务平台，支持代码版本控制和开发者协作。

2500 万美元的 A 轮融资，估值约为 2 亿美元。巨额的资本投入反映了投资者对 LangChain 未来潜力的坚定信念，以及对 LangChain 作为 AI 技术发展关键设施的共识。

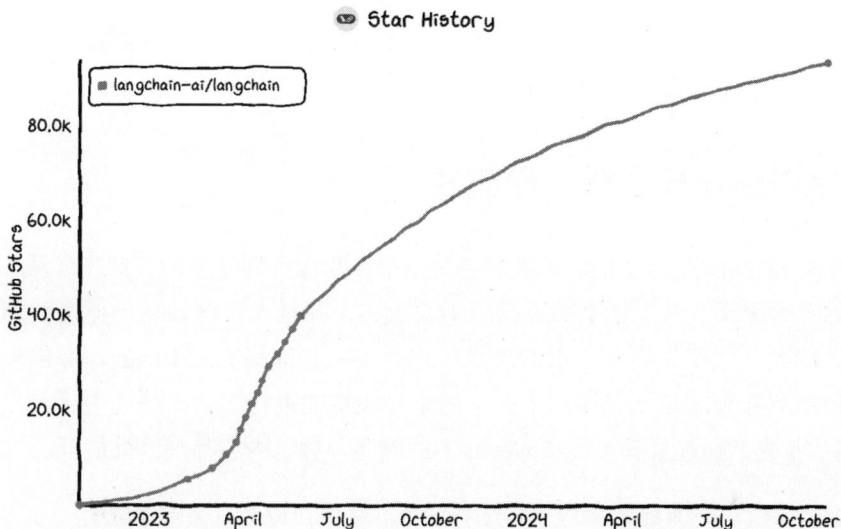

图 1-3 LangChain 在 GitHub 上的 star 数变化趋势（数据截至 2024 年 10 月）

LangChain 作为一种大模型应用开发框架，有效地解决了当前 AI 应用开发中的多个痛点。以流行的 OpenAI GPT 系列模型为例，其使用过程中通常面临以下挑战。

- □ **数据时效性**：目前训练所用的数据仅更新至 2023 年 10 月，这限制了模型的时效性和适用性。
- □ **token 数量限制**：例如，使用 GPT-4 尝试总结一份 200 页的 PDF 文件时，由于 token 数量限制，其功能可能会受阻。
- □ **网络连接限制**：GPT-4 无法联网，因此不能获取最新的信息。
- □ **数据源整合限制**：GPT-4 不能直接与其他数据源进行链接，这限制了它的多样性和灵活性。

一方面，LangChain 框架旨在将大模型、提示词管理、外部知识库、第三方工具和向量数据库集成到一起，以便用户能够灵活地构建定制化的大模型应用。这种集成方式为开发者提供了前所未有的创新自由，允许他们利用大模型的强大能力解决各种复杂问题，**加速大模型应用的落地**。

另一方面，LangChain 作为胶水层的框架，极大地提高了开发者的编码效率。LangChain 让开发者能够将更多精力集中于推动产品创新和功能的持续迭代，减少了基础架构搭建的烦琐工作。这样一来，开发者就可以将宝贵的时间和资源用于打磨产品，优化用户体验。

　　LangChain 这个项目最初是通过 Python 语言实现的，在开发者群体中的人气和影响力日益增长，吸引了大量关注。为了满足更多开发者的需求，LangChain 的开发团队已经推出了基于 TypeScript 语言的版本，社区贡献者也自发组织开发出了 Java 语言的版本。这些新版本的推出，不仅让那些偏好这两种语言的开发者得以使用 LangChain，也证明了 LangChain 正逐渐成为一个多语言支持、多样化的开放源代码项目。

1.2　LangChain 核心概念和模块

　　经过两年多的发展，LangChain 已经演变为一个非常庞大和复杂的代码库。从头开始阅读和分析 LangChain 的源码，对于新手来说已经不太现实，并且大模型领域的概念日新月异，容易抓不住重点。因此，建议你顺着本书的思路，跟着我一起理解 LangChain 核心的设计哲学。你可以根据自己的兴趣和需求，选择一个特定的组件或功能进行学习，快速上手开发出自己的第一个 AI 应用。首先，一起看看 LangChain 官方的阐述，后续内容都围绕此展开。

　　LangChain 提供灵活的抽象和以 AI 为中心的工具包，成为开发者构建生成式 AI 应用的首选框架。

- ❑ 一套完整的、可互操作的构建模块，搭配丰富的组件库，帮助构建端到端的应用，并确保其灵活性，以适应未来大模型应用形态的发展。
- ❑ 利用 LangChain 表达式语言（LangChain expression language，LCEL），创建一个可组合、满足需求的应用，享受预设的并行化、备选方案、批处理、流式传输和异步方法支持，让开发者能够专注于核心业务逻辑。
- ❑ LangChain 将大语言模型与公司的私有数据和 API 相连接，助力构建具备上下文感知和推理能力的应用，通过从原型阶段快速过渡到生产阶段，利用流行的方法 [如 RAG（retrieval augmented generation，检索增强生成）] 或简单的链式调用，提高开发效率。

　　LangChain 正是通过组件化和现成的链，降低了使用大模型构建应用的门槛，以适应广泛的应用场景。得益于最初设计中足够的抽象层次，LangChain 能够与大模型应用形态的演进保持同步。应用形态的总体迭代过程概述如下。

- ❑ **入门阶段**：构建以单一提示词模板为中心的简单助手类应用。
- ❑ **进阶阶段**：通过组合一系列提示词创建复杂的工作流应用。
- ❑ **发展阶段**：开发由大模型驱动的智能代理（Agent）应用。

❑ **探索阶段**：实现多个智能代理协同工作，以应对高度复杂的应用场景。

由于 LangChain 社区的繁荣以及开发者的积极贡献，新的特性和创新持续丰富着 LangChain 的组件库。对于初次接触大模型应用开发的读者，LangChain 提供了一条逐步深入的学习路径。

LangChain 通过模型 I/O 模块、RAG 模块、存储模块、工具模块这 4 类核心模块提供了标准化、可扩展的接口和外部集成，这些接口通过 LCEL 语法进行灵活组合，确保开发者能够根据自身的需要灵活地使用 LangChain，除此之外，还通过 LangGraph 扩展库实现智能代理功能，通过回调组件实现大模型应用的可观测性。

1.2.1 模型 I/O 模块

模型 I/O 模块主要与大模型交互相关，由三个部分组成：提示管理，用于模板化、动态选择和管理模型输入；语言模型，通过通用接口调用大模型；输出解析器，负责从模型输出中提取信息。这个模块的高效运作为 LangChain 其他模块的正常工作打下了坚实的基础。接下来，我们将探索如何通过 RAG 模块进一步增强模型输出的相关性和准确性。

1.2.2 RAG 模块

LangChain 提供了一个 RAG 模块，它从外部检索用户的特定数据并将其整合到大模型中，包括超过 100 种文档加载组件，可以从各种数据源（如私有数据库、公共网站以及企业知识库等）加载不同格式（HTML、PDF、Word、Excel、图像等）的文档。此外，为了提取文档的相关部分，文档转换器引擎可以将大文档分割成小块。RAG 模块提供了多种算法和针对特定文档类型的优化逻辑。

此外，文本嵌入模型也是检索过程的关键组成部分，它们可以捕捉文本的语义，从而快速找到相似的文本。检索组件集成了多种类型的嵌入模型，并提供标准接口以简化模型间的切换。

为了高效存储和搜索嵌入向量，RAG 模块与超过 50 种向量存储引擎集成，既支持开源的本地向量数据库，也可以接入云厂商托管的私有数据库。开发者可以根据需要，通过标准接口灵活地在不同的向量存储之间切换。

RAG 模块扩展了 LangChain 的功能，允许从外部数据源中提取并整合信息，增强了语言模型的回答能力。这种增强生成的能力为链模块中的复杂应用场景提供了支持。接下来，我们将探讨如何通过存储模块维持应用的状态。

1.2.3 存储模块

存储模块用于保存应用运行期间的信息，以维持应用的状态。这个需求主要源自大多数大模型应用有一个聊天界面，而聊天对话的一个基本特点是应用能够读取历史互动信息。因此，设计一个对话系统时，它至少应该具备直接访问过去一段消息的能力，这种能力称为"记忆"。LangChain 提供了很多工具来为系统添加记忆功能，这些工具可以独立使用，也可以无缝整合到一条链中。

典型的记忆系统需要支持两个基本动作：**读取**和**写入**。每条链都定义了一些核心的执行逻辑，并期望特定的输入，其中一些输入直接来自用户，但也有一些输入可能来自记忆。链在运行过程中，通常需要与记忆系统互动两次：第一次是在接收到初始用户输入之后、执行核心逻辑之前，链从其记忆系统中读取信息，用于增强用户输入；第二次是在执行核心逻辑之后、返回答案之前，链把当前运行的输入和输出写入记忆系统，以便在未来的运行中可以参考。交互过程如图 1-4 所示。

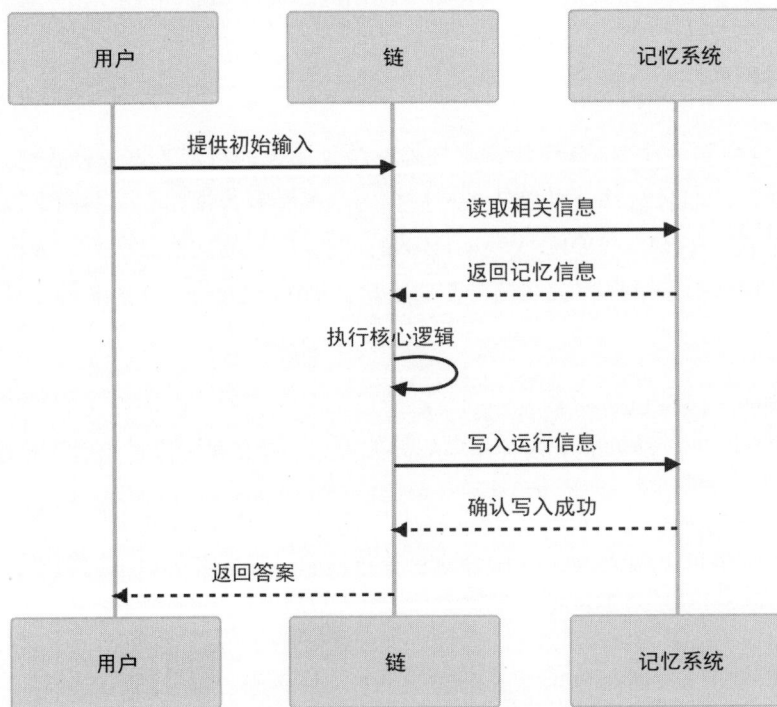

图 1-4 链与记忆系统的交互

1.2.4　工具模块

　　LangChain 的 RAG 模块为大模型的应用提供了最新的实时数据，并借助存储模块赋予了模型记忆能力。此外，LangChain 还提供了工具模块，支持大模型应用执行代码、连接数据库以及访问邮件等功能，从而完善了构建智能代理所需的全部能力。与传统软件开发相似，LangChain 还通过回调模块使开发者能够更便捷地调试和追踪大模型应用，完成了开发流程的最后一环。

1.2.5　回调组件

　　回调是在特定操作发生时执行预定处理程序的机制。例如，在调用模型或请求工具 API 时，可以通过指定回调来触发相应的处理逻辑。回调有两种实现方式：**构造器回调**适用于跨越整个对象生命周期的操作，如日志记录或监视，而不是特定于单个请求；**请求回调**适用于需要针对单个请求进行特别处理的场景，如将请求的输出实时传输到 WebSocket 连接。

　　回调组件为 LangChain 提供了高度的互动性和自定义响应能力，无论是在应用构建过程中记录日志，还是处理实时数据流，皆可胜任。这为整个 LangChain 提供了一个可编程的反馈循环，使得每个模块都能在适当的时候发挥作用，共同打造出一个高效、智能的大模型应用。下一节将介绍 LCEL 是如何整合这些信息的。

1.2.6　LCEL 语法

　　链定义为对一系列组件的组合调用。我们既可以在处理简单应用时单独使用链，也可以在处理复杂应用时将多个链和其他组件组合起来进行链式连接。LangChain 采用 LCEL 语法来实现链，它是一种声明式编程，著名的 Kubernetes 项目采用的也是声明式 API。LCEL 的核心优势在于提供了直观的语法，用竖杠（｜）连接子组件，并支持流式传输、异步调用、批处理、并行化、重试和追踪等特性。

　　LCEL 语法是 LangChain 组件调用的核心，它不仅可以将模型 I/O 模块和 RAG 模块下的各种组件结合起来，还可以构建出更加复杂的业务逻辑。不过，LCEL 的局限性在于只能支持顺序调用，但是大模型应用的处理链路上通常包括多个步骤，且步骤之间不仅有顺序关系，还有条件、分支和循环关系，此时仅仅靠 LCEL 就显得捉襟见肘，故 LangChain 社区推出了 LangGraph 库，用于填补这方面的空白。

1.2.7　LangGraph 库

在介绍 LangGraph 如何处理复杂的工作流之前，为了帮助大家更好地理解，我将首先简要介绍 ReAct。作为一种经典的智能代理工作模式，ReAct 通过结合推理和行动来提升智能代理的能力，如图 1-5 所示。该图来自论文 "ReAct: Synergizing Reasoning and Acting in Language Models"。

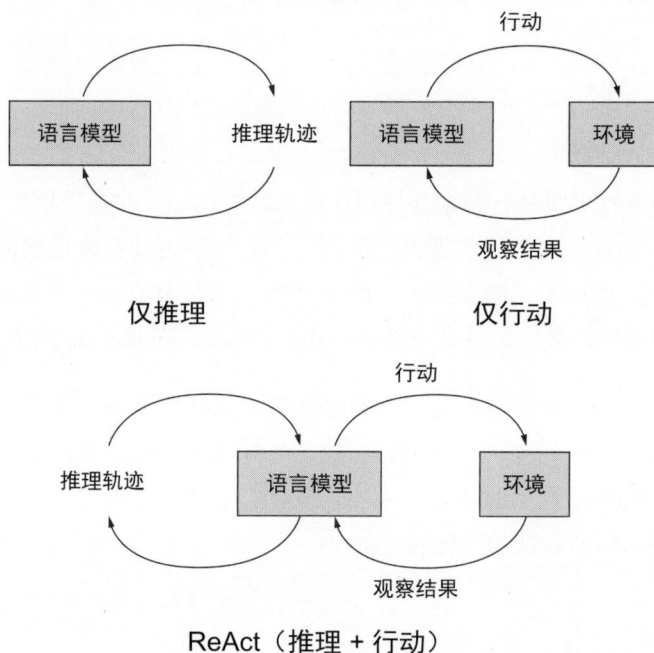

图 1-5　ReAct 通过结合推理和行动来提升智能代理的能力

ReAct 模式的核心是一个相对简单的循环，主要分为两个基本阶段。

❑ **语言模型决策阶段**：语言模型分析当前上下文，包括之前的推理轨迹和环境观察。基于这些信息，语言模型决定：(a) 是否需要进一步推理；(b) 是否需要采取行动；(c) 是否可以直接给出最终响应。

❑ **执行和循环阶段**：如果决定采取行动，系统会在环境中执行该行动，执行后，环境会提供新的观察结果。这些新的观察结果被添加到上下文中，然后，过程回到第一步，语言模型再次评估新的情况。

Thought（思考）: ...
Action（行动）: ...
Observation（观察）: ...
(Repeated many times 重复多次)

这种模式强调推理与行动的紧密结合，语言模型不仅要分析和理解输入信息，还要根据分析结果采取相应的行动，其优势在于灵活性和对环境的适应性。不过，在 ReAct 模式中将所有决策和推理过程都委托给大模型，使得运行过程可控性差、可靠性低。但在构建实际应用时，特别是在对业务有重大影响的关键流程中，我们需要对智能代理进行更精细的控制，需要能够随时让人介入工作流，实现"人机协同"（human in the loop）。

例如，我们可能希望智能代理始终首先调用特定的工具，或者对特定工具的使用次数进行限制，或者在特定情况下仅允许人工决策。

LangGraph 正是这样一种工具，作为 LangChain 的一个扩展库，它支持对智能代理行为进行细粒度控制和实时监控代理状态，是构建智能代理工作流的理想选择。图 1-6 是使用 LangGraph 表示的 ReAct 模式状态图。

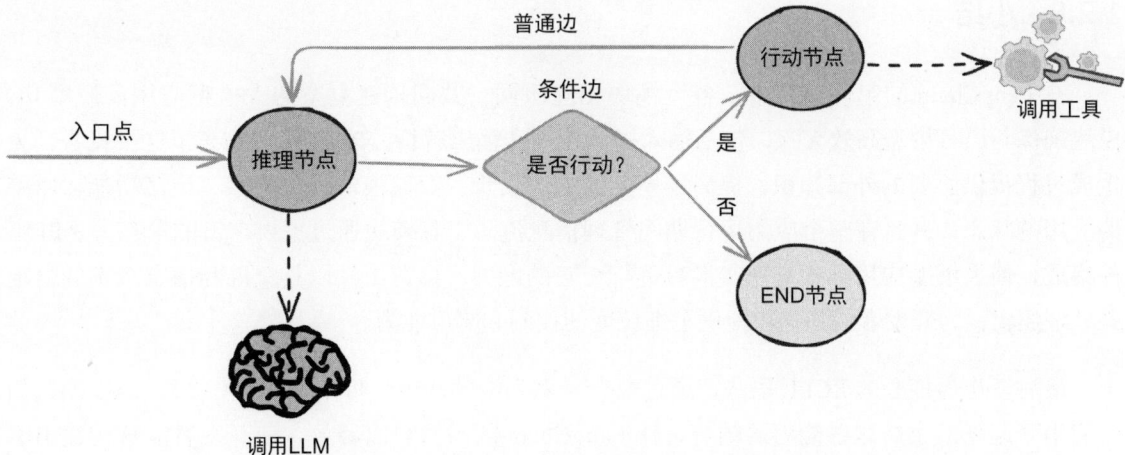

入口点　推理节点　条件边　是否行动？　是　行动节点　调用工具
普通边　否　END节点　调用LLM

图 1-6　LangGraph 表示的 ReAct 模式状态图

它通过三个关键组件来定义智能代理的行为。

- ❑ **节点**（Node）：代表工作流中的不同任务或状态，如操作（比如这里的行动节点）、决策点（比如推理节点）或数据状态（比如 END 节点）。
- ❑ **边**（Edge）：表示节点间的逻辑关系或数据流向。边可以是有向的，表示数据或控制流从一个节点流向另一个节点，例如这里从行动节点指向推理节点的普通边。
- ❑ **状态属性**（State Attribute）：为节点和边提供附加信息，如操作的参数、决策的条件（比如这里的条件边，根据属性决定下一步指向行动节点还是 END 节点），这些属性帮助更精确地描述工作流的行为。

节点和边本质上是执行常规功能的函数，它们不仅能执行调用大模型接口的逻辑，也可以执行普通的逻辑代码。节点负责执行任务，边指导任务的流转顺序，状态属性由一系列键值对构成，允许图中所有节点访问和更新这些属性。

总之，LangGraph 用于构建带有条件、分支和循环关系的复杂工作流，同时也支持多个智能代理进行协同。这里通过一个简单的例子让大家对 LangGraph 先有一个初步了解，之后会在第 6 章抽丝剥茧，详细介绍 LangGraph 更多的实用功能和使用案例。

1.2.8　小结

在 LangChain 的组件系统中，各个模块相互协同，共同构建复杂的大模型应用。模型 I/O 模块确保与语言模型高效交互，包括输入提示管理和输出解析。RAG 模块补充了这一流程，为生成过程提供必要的外部知识，提高了模型的响应质量。存储模块为链提供了记忆功能，以维持应用的状态，并且在整个应用运行期间管理信息流。工具模块通过提供丰富的第三方 API 组件集成，使大模型应用具备与现实世界进行交互的能力。回调组件以其全局和请求级别的自定义处理逻辑，为开发者构建应用提供了细粒度的控制和响应能力。

最后，作为核心的 LCEL 语法，通过组合一系列组件调用，将模型 I/O 模块和 RAG 模块的功能串联起来。正是这些能力的结合，让 LangChain 的潜力得以释放，使开发者能够构建出响应迅速、高度定制的 AI 应用。LangGraph 进一步增强了 LangChain 的灵活性，通过智能代理动态地决定行动的序列，这些代理利用了前述所有模块的能力。

1.3 LangChain 与其他框架的比较

既然 LangChain 的能力这么强,那是不是会有其他相似的框架出现,和它争抢开发者呢?答案显然是肯定的。在目前的业界共识中,基于大模型的业务主要分为三个层次。

- **基础设施层**:这个层次涉及的是构建和提供大模型本身的底层架构。这通常包括大规模的数据处理和存储能力、用于模型训练的计算资源,以及提供模型即服务(Model as a Service,MaaS)的 API。基础设施层的目标是提供稳定、可扩展、性能优越的语言模型服务,供不同的应用和服务使用。
- **垂直领域层**:在基础设施层之上,垂直领域层使用领域特定数据对模型进行微调,使其在特定垂直市场或行业(如医疗、法律、金融等)中的表现更精确和有效。微调可以帮助模型更好地理解和生成与特定领域相关的语言和概念。
- **应用层**:在此层次中,开发者和公司构建具体的面向用户的产品和服务。这些应用将大模型的能力转化为用户可以直接与之交互的工具和平台,比如聊天机器人、内容生成工具、自动编程助手等。应用层的重点在于用户体验和接口设计,使不擅长模型算法研究的开发者也能轻松利用大模型的能力。

像 LangChain 这一类工具框架,旨在提供一种集成这些层次的方式,使开发者能够更快速地开发和部署基于大模型的应用。它们通常包括预建的组件、模板和接口,这些都是为了简化开发流程,并加速从概念验证到生产部署的过程。由于这种框架可以显著缩短开发时间并降低开发复杂应用的技术门槛,所以市场上出现了许多竞争者。接下来,我将简单介绍一些在社区和生态方面相对不错的开发框架,并将它们与 LangChain 进行比较。

1.3.1 框架介绍

这些框架中最具竞争力的当属 Semantic Kernel、LlamaIndex 和 AutoGPT,其中 Semantic Kernel 是微软开发的轻量级、开源 SDK,结合传统编程语言与大型模型(如 GPT-3.5),简化 AI 服务集成,优化资源管理,支持上下文管理和外部系统集成。LlamaIndex 是用于将大型模型与外部数据连接的工具,支持数据提取、索引构建和查询,可提高 LLM 回答特定领域问题的精度,简化数据处理和应用框架集成。AutoGPT 是依托 GPT-3.5 等大模型自动执行多步骤任务的框架,可在用户定义目标后,自动完成信息检索、文本生成和 API 调用等操作,适用于内容创作、数据分析等自然语言处理任务。

- **Semantic Kernel**

Semantic Kernel（SK，语义内核）是微软设计的一款轻量、开源的软件开发工具包（SDK）。作为一种新型编程模型，它旨在将大模型的功能无缝集成到应用程序中。SK 使得开发人员能够将传统编程语言（如 C# 和 Python）与强大的大模型（如 GPT-3.5）相结合。

对企业而言，采用 SK 不仅简化了 AI 服务的集成过程，还优化了资源管理，可以隐藏复杂的用户交互。它提供了有效的上下文管理功能，能够灵活地与外部系统集成，并且集成了嵌入式记忆功能，从而提高了 AI 的可访问性和成本效益。若无 SK，企业可能需要独立处理复杂的 AI 交互，这不仅耗费时间，还会占用大量开发资源。

SK 的诞生代表着软件工程领域的一种范式转变，它所带来的变化有点类似于编程语言从注重语法结构转向强调语义理解的演变。通过提供简洁的 API，SK 极大地简化了大模型的应用，使得使用自然语言与 AI 交互变得流畅自然。

为了更深入地理解 SK 的组成和功能，可以将其关键组件与 LangChain 进行对比。表 1-1 说明了这两个框架中相应组件的功能和组件的对应关系，为开发者使用框架提供参考。

表 1-1　一些关键组件的对应关系

LangChain	SK	备　注
LCEL	Kernel	构造调用序列
LangGraph	Planner	自动规划任务以满足用户的需求
Tools	Plugins (semantic function + native function)	可在不同应用之间重复使用的自定义组件
Memory	Memory	将上下文和嵌入存储在内存或其他存储中

- **LlamaIndex**

LlamaIndex，原名 GPT Index，是一个用于为大模型连接外部数据的工具。它可以通过查询、检索的方式挖掘外部数据，并将其传递给大模型，从而让大模型得到更多的信息。LlamaIndex 主要由三部分组成：数据连接、索引构建和查询接口，它的主要目标是提高 LLM 回答特定领域问题的精度。通过提供一系列关键工具，LlamaIndex 极大简化了数据的提取、结构化、检索以及与各种应用框架的集成工作。

❑ 利用数据连接器（Llama Hub）提取来自不同数据源和不同格式的数据。

❑ 支持多种文档操作，如插入、删除、更新及索引管理，从而提升文档管理效率。

❑ 支持对异构数据和多文档的合成处理，提升数据处理的灵活性。

❑ 使用自动路由功能在不同的查询引擎之间进行选择，优化查询处理流程。

❑ 通过文档嵌入技术提升输出结果的质量，增强模型的预测能力。

❑ 提供与多种向量存储、ChatGPT 插件以及 LangChain 等的广泛集成。

❑ 支持最新的 OpenAI 函数调用 API，使得与大模型的交互更为便捷。

- **AutoGPT**

  AutoGPT 最初是一个试验性项目，依托强大的大模型（如 GPT-4）来自动执行多步骤任务。用户只需设定目标，AutoGPT 即可自动操控各类应用程序和服务来实现这些目标。例如，你希望 AutoGPT 协助扩展电商业务，它能够规划出一套市场营销策略，并帮助你搭建一个基本网站。AutoGPT 的应用范围广，能够处理从代码调试到商业计划制订等各种任务。

  目前，AutoGPT 已经发展成为一个功能强大的自动化任务框架。它利用大模型处理复杂的多步骤工作流程，用户只需输入简单的指令即可定义任务的目标和步骤。随后，AutoGPT 将自动完成所需的操作，包括信息检索、文本生成以及 API 调用等。这一框架尤其适用于需要理解自然语言和生成文本的自动化任务，例如内容创作、数据分析和在线互动。它允许开发者根据特定需求自定义和扩展功能。尽管 AutoGPT 仍在不断进化，但目前还有一些局限性。

1.3.2　框架比较

表 1-2 通过 GitHub 上的贡献者数量、引用数和 star 数（如图 1-7 所示）这三项数据，以及编程语言兼容性，对 4 种框架进行了简单的比较。

❑ LangChain 显然是这一组中社区最活跃的框架，拥有最多的贡献者和较高的引用数。它的 star 数也相当高，这表明它在开发者中广受欢迎并具有较高的认可度。

❑ SK 的贡献者数量相对较少，是一个新兴框架，而其相对较少的 star 数意味着它的社区影响力和知名度不如 LangChain，引用数信息则没有获取到，但是 SK 在编程语言支持方面比较优秀，可以覆盖更多的开发者群体。

❑ LlamaIndex 虽然在贡献者数量上不及 LangChain，但社区活跃度很高，并且可以直接作为 LangChain 的检索模块使用，是开源社区中最有影响力的检索增强生成引擎。

❑ AutoGPT 在 star 数方面远超其他框架，这个项目在验证大模型驱动的智能代理概念方面引起了极大的关注，其独特的功能和应用前景吸引了大量有兴趣的潜在开发者。

表 1-2　LangChain、SK、LlamaIndex 和 AutoGPT 相关数据比较 [①]

框架名称	编程语言	贡献者数量	引用数	star 数
LangChain	Python/TypeScript	3176	135k	93.6k
SK	C#/Python/Java	329	-	21.7k
LlamaIndex	Python/TypeScript	1267	12.7k	36.1k
AutoGPT	Python	734	-	168k

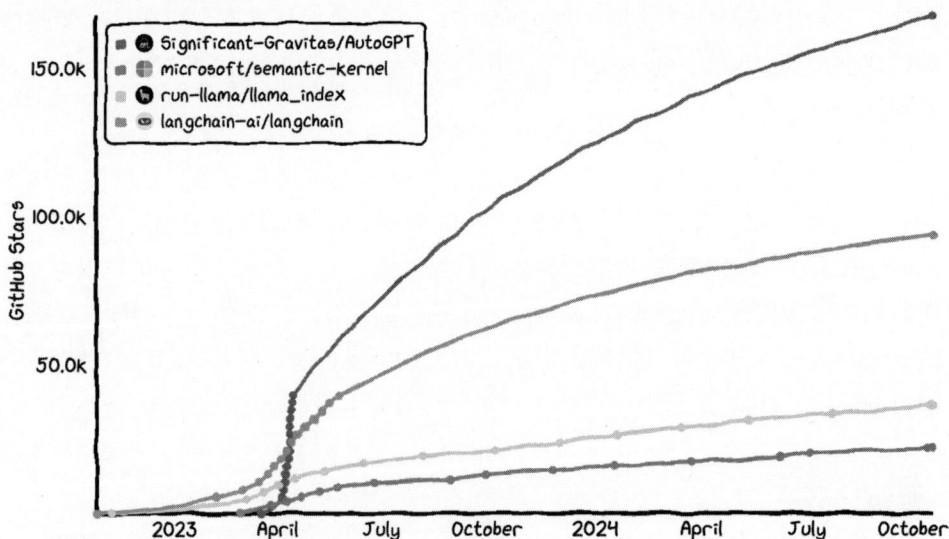

图 1-7　LangChain、SK、LlamaIndex 和 AutoGPT 在 GitHub 上的 star 数变化 [②]

1.3.3　小结

首先，LangChain 汇集了众多贡献者。这不仅意味着该框架本身得到了广泛的社区验证，同时也保证了当开发者在构建和优化应用时能够及时获得帮助和建议。一个活跃的社区是任何开

---

① 数据截至 2024 年 10 月。

② 数据截至 2024 年 10 月。

源项目成功的关键，它能够促进知识共享和技术创新。

其次，LangChain 在市场上的应用非常广泛，13 万多的引用数是其实用性和流行度的有力证明。这表明它已经被许多项目和应用采用，新开发者可以信赖它的稳定性和成熟度。

最后，LangChain 的 star 数也反映了它在开发者中的受欢迎程度，LangChain 支持 Python 和 TypeScript，这两种编程语言的广泛应用使得 LangChain 也具有极高的适应性。

LangChain 以其强大的社区支持、高市场认可度以及对开发者友好的特性，成为目前构建大模型应用的首选。选择 LangChain，将能够高效地开发出稳定、可靠的 AI 应用，并享受到繁荣社区的多方位支持。

本章的 LangChain 介绍之旅到此结束，背景了解得差不多了，下一章我们正式进入实践环节。

## 第 2 章

LangChain 初体验

LangChain 究竟有多好用呢？本章将通过几个简单的例子带领大家快速上手，体会使用 LangChain 开发大模型应用的便捷性。

2.1 开发环境准备

了解了 LangChain 的背景知识之后，是时候动手准备 LangChain 的开发环境了。本书的示例将使用 Python 版本的 LangChain 进行演示，请确保你的计算机上已安装 Python 3.9 及以上版本。

2.1.1 管理工具安装

首先安装 LangChain 和必要的管理工具，这是构建开发环境的第一步。本节将引导你安装 LangChain 及附加组件，为后续的实践操作做好准备。

最简单的安装方式是直接使用 pip（Python 的包管理工具），如下所示：

```
pip install langchain
```

另一个选择是使用 Conda，这是一个用于安装和管理跨平台软件包的工具：

```
conda install langchain -c conda-forge
```

如果你想研究和测试 LangChain 的一些实验性代码，则可以安装 langchain-experimental：

```
pip install langchain-experimental
```

2.1.2 源码安装

若想探索 LangChain 的最新开发版本，可以从 GitHub 下载源码进行安装：

```
git clone https://github.com/langchain-ai/langchain.git
cd langchain
pip install -e .
```

2.1.3 其他库安装

LangChain 还推出了将 LangChain 应用直接转换为 REST API 的工具 LangServe、LLM 应用可观测性平台 LangSmith，以及专门用于构建智能代理的 LangGraph 扩展库。

LangServe 提供了客户端和服务器端 SDK，包括同步和异步调用方法，可以通过下面的命令一键安装：

```
pip install "langserve[all]"
```

LangSmith 作为应用可观测性平台，帮助开发者调试、测试、评估和监控 LLM 应用。可使用下面的命令安装其对接 SDK，用于后续接入 LangChain 应用：

```
pip install -U langsmith
```

最后是 LangGraph 库的安装：

```
pip install -U langgraph
```

这些工具的使用细节将在后续章节中详细介绍。

此外，本书部分示例代码将使用 DeepSeek 大模型进行演示，因此需要安装 DeepSeek SDK：

```
pip install langchain-deepseek
```

为了支持与多种外部资源的集成，需要安装 langchain_community：

```
pip install langchain_community
```

最后，需要安装 python-dotenv 来管理访问密钥：

```
pip install python-dotenv
```

至此，我们已经安装了所有必需的工具和组件，下一步将开始 LangChain 应用开发实践。

2.2 快速开始

搭建好开发环境后，进入 LangChain 的实际应用开发，我们从构建一个简单的 LLM 应用开始。[①]

LangChain 为构建 LLM 应用提供了多种组件，这些组件既可以在简单应用中独立使用，也可以通过 LCEL 进行复杂的组合。LCEL 定义了统一的可执行接口，让许多组件能够无缝链接。

一条简单而常见的处理链通常包含以下三个要素。

- 语言模型（LLM/ChatModel）：语言模型是核心推理引擎。要有效地使用 LangChain，需要了解不同类型的语言模型及其操作方式。
- 提示词模板（prompt template）：为语言模型提供指令，控制语言模型的输出内容。
- 输出解析器（output parser）：将语言模型的原始响应转换为更易于使用的格式，便于下游处理。

下面将简单介绍这三个组件以及如何将它们组合在一起。理解这些概念对于高效地使用和定制 LangChain 应用非常有帮助。大多数 LangChain 应用允许自定义配置模型或提示词模板，掌握如何利用这些配置将显著增强你的应用的能力。

2.2.1 模型组件

LangChain 集成的模型组件主要分为两种。

- LLM：通用文本生成型模型组件，接收一个字符串作为输入，并返回一个字符串作为输出，用于根据用户提供的提示自动生成高质量文本的场景。
- ChatModel：对话型模型组件，接收一个消息列表作为输入，并返回一条消息作为输出，用于一问一答模式与用户持续对话的场景。

[①] 本章的代码可以前往代码仓库直接获取：https://github.com/morsoli/langchain-book-demo/tree/main/02-chapter。

基本消息接口由 BaseMessage 定义，它有两个必需的属性。

- ❑ **内容**（content）：消息的内容，通常是一个字符串。
- ❑ **角色**（role）：消息的发送方。

LangChain 提供了几个对象来轻松区分不同的角色。

- ❑ HumanMessage：人类（用户）输入的 BaseMessage。
- ❑ AIMessage：AI 助手（大模型）输出的 BaseMessage。
- ❑ SystemMessage：系统预设的 BaseMessage。
- ❑ FunctionMessage：调用自定义函数或工具输出的 BaseMessage。
- ❑ ToolMessage：调用第三方工具输出的 BaseMessage。

如果这些内置角色不能满足你的需求，还有一个 ChatMessage 类，你可以用它自定义需要的角色，LangChain 在这方面提供了足够的灵活性。

在 LangChain 中调用 LLM 或 ChatModel 最简单的方法是使用 invoke 接口，这是所有 LCEL 对象都默认实现的同步调用方法。

- ❑ LLMs.invoke：输入一个字符串，返回一个字符串。
- ❑ ChatModel.invoke：输入一个 BaseMessage 列表，返回一个 BaseMessage。

下面看看如何处理这些不同类型的模型和输入。首先，导入一个 LLM 和一个 ChatModel：

```python
# 导入文本生成模型 Tongyi
from langchain_community.llms.tongyi import Tongyi
# 导入聊天模型 ChatDeepSeek
from langchain_deepseek import ChatDeepSeek


llm = Tongyi()
chat_model = ChatDeepSeek(model="deepseek-chat")
```

LLM 和 ChatModel 对象均提供了丰富的初始化配置，这里我们只传入字符串用作演示：

```python
# 导入表示用户输入的 HumanMessage
from langchain_core.messages import HumanMessage


text = "给生产杯子的公司取一个名字，直接输出最终名字。"
messages = [HumanMessage(content=text)]
```

```
if __name__ == "__main__":
    print(llm.invoke(text))
    # >> 茶杯屋
    print(chat_model.invoke(messages))
    # >> content=' 杯享 '
```

2.2.2 提示词模板组件

大多数 LLM 应用不会直接将用户输入传递给 LLM，而通常会将用户输入添加到预先设计的**提示词模板**，目的是给具体的任务提供额外的上下文。

在前面的示例中，我们传递给大模型的文本包含生成公司名称的指令，对于具体的应用来说，最好的情况是用户只需提供对产品的描述，而不用考虑给语言模型提供完整的指令。

PromptTemplate 就是用于解决这个问题的，它将所有逻辑封装起来，自动将用户输入转换为完整的格式化的提示。例如，可以将上述示例修改如下：

```
# 导入提示词模板 PromptTemplate
from langchain_core.prompts import PromptTemplate

prompt = PromptTemplate.from_template(" 给生产 {product} 的公司取一个名字。")
prompt.format(product=" 杯子 ")
```

使用提示词模板替代原始字符串格式化的好处在于支持变量的"部分"处理，这意味着你可以分步骤地格式化变量，并且可以轻松地将不同的模板组合成一个完整的提示，以实现更灵活的字符串处理。这些功能会在第 3 章中详细说明。

PromptTemplate 不仅能生成包含字符串内容的消息列表，而且能细化每条消息的具体信息，如角色和在列表中的位置。比如 ChatPromptTemplate 作为 ChatMessageTemplate 的一个集合，每个 ChatMessageTemplate 都指定了格式化聊天消息的规则，包括定义消息的角色和内容。下面是一个示例：

```
from langchain_core.prompts import ChatPromptTemplate
template = " 你是一个能将 {input_language} 翻译成 {output_language} 的助手。"
human_template = "{text}"

chat_prompt = ChatPromptTemplate.from_messages([
    ("system", template),
    ("human", human_template),
```

```
])

chat_prompt.format_messages(input_language="汉语", output_language="英语", text="我爱编程")
```

生成的消息列表如下所示：

```
[
SystemMessage(content='你是一个能将汉语翻译成英语的助手。', additional_kwargs={}, response_
metadata={}),
HumanMessage(content='我爱编程。', additional_kwargs={}, response_metadata={})
]
```

2.2.3 输出解析器组件

输出解析器将大模型的原始输出转换为下游应用易于使用的格式，主要类型包括：

- □ 将 LLM 的文本输出转换为结构化信息（如 JSON、XML 等）；
- □ 将 ChatMessage 转换为纯字符串；
- □ 将除消息外的内容（如从自定义函数调用中返回的额外信息）转换为字符串。

输出解析器的详细信息也会在第 3 章中介绍。

这里我们编写第一个输出解析器——**一个将以逗号分隔的字符串转换为列表的解析器：**

```
from langchain_core.output_parsers import BaseOutputParser
from langchain_core.messages import HumanMessage
from langchain_community.llms.tongyi import Tongyi
llm = Tongyi()

text = "给生产杯子的公司取三个合适的中文名字，以逗号分隔的形式输出。"
messages = [HumanMessage(content=text)]

class CommaSeparatedListOutputParser(BaseOutputParser):
    """将 LLM 的输出内容解析为列表"""

    def parse(self, text: str):
        """解析 LLM 调用的输出"""
        return text.strip().split(",")

if __name__ == "__main__":
    llms_response = llm.invoke(text)
```

```
# 输出：['杯子之家', '瓷杯工坊', '品质杯子']
print(CommaSeparatedListOutputParser().parse(llms_response))
```

2.2.4　使用 LCEL 进行组合

下面将上述这些环节组合成一个应用，这个应用会将输入变量传递给提示词模板以创建提示，再将提示传递给大模型，然后通过一个输出解析器（可选步骤）处理输出：

```python
from typing import List

from langchain_deepseek import ChatDeepSeek
from langchain_core.prompts import ChatPromptTemplate
from langchain_core.output_parsers import BaseOutputParser

class CommaSeparatedListOutputParser(BaseOutputParser[List[str]]):
    """ 将 LLM 输出内容解析为列表 """

    def parse(self, text: str) -> List[str]:
        """ 解析 LLM 调用的输出 """
        return text.strip().split(", ")

template = """ 你是一个能生成以逗号分隔的列表的助手，用户会传入一个类别，你应该生成该类别下的 5 个对象，
并以逗号分隔的形式返回。
只返回以逗号分隔的内容，不要包含其他内容。"""
human_template = "{text}"

chat_prompt = ChatPromptTemplate.from_messages([
    ("system", template),
    ("human", human_template),
])

if __name__ == "__main__":
    chain = chat_prompt | ChatDeepSeek(model="deepseek-chat") | CommaSeparatedListOutputParser()
    # 输出：[' 狗，猫，鸟，鱼，兔子 ']
    print(chain.invoke({"text": " 动物 "}))
```

注意，这里使用 | 语法将这些组件链接在一起。这个语法由 LCEL 提供支持，并且这些依赖的子组件必须继承自 Runnable 对象，同时实现通用接口，是不是很容易？使用 LangChain 构建的第一个 LLM 应用完成了！

这里简单了解一下 LCEL。

LCEL 提供了一种声明式方法，极大地简化了不同组件的组合过程，随着越来越多的 LCEL 组件的推出，LCEL 的功能也将不断扩展。它巧妙地融合了专业编程和低代码编程两种方式的优势。在专业编程方面，LCEL 实现了一种标准化的流程。它允许创建 LangChain 称之为可运行的或者是规模较小的应用，这些应用可以结合起来，打造出更大型、功能更强大的应用。采用这种组件化的方法，不仅能够提高效率，还能使组件得到重复利用。在低代码方面，类似 Flowise 这样的工具有时可能会变得复杂且难以管理，而使用 LCEL 则方便简单，易于理解。

使用 LCEL 有以下几点好处。

- ❑ LCEL 采取了专业编码和低代码结合的方式，开发者可以使用基本组件，并按照从左至右的顺序将它们串联起来。
- ❑ LCEL 不只是实现了提示链的功能，还包含了对应用进行管理的特性，如流式处理、批量调用链、日志记录等。
- ❑ 这种表达语言作为一层抽象层，简化了 LangChain 应用的开发，并为功能及其顺序提供了更直观的视觉呈现，因为 LangChain 已经不仅仅是将一系列提示简单串联起来，而是对 LLM 应用的相关功能进行了有序组织。
- ❑ LCEL 的核心在于"Runnable"接口协议，所有实现该接口协议的组件都可以被描述为一个可被调用、批处理、流式处理、转换和组合的工作单元。

为了让用户更加轻松地创建自定义 LCEL 组件，LangChain 设计了一个 Runnable 对象。多个 Runnable 对象可以组成一个操作序列，即 RunnableSerializable，既可以通过编程方式调用，也可以作为 API 暴露出来，这已被大多数组件所采用。Runnable 对象不仅简化了组件的自定义过程，也使得以标准方式调用这些组件成为可能。Runnable 对象声明的标准接口包括以下几个部分。

- ❑ stream：以流式方式返回响应数据。
- ❑ invoke：对单个输入调用链。
- ❑ batch：对一组输入调用链。

同时，还定义了标准接口的异步调用方式。

- ❑ astream：以流式方式异步返回响应数据。
- ❑ ainvoke：对单个输入异步调用链。
- ❑ abatch：对一组输入异步调用链。

- astream_log：用于流式传输执行过程中的所有事件的详细日志。这些日志基于 JSONPatch 标准，提供了细粒度的日志记录。
- astream_events：用于流式传输链中的中间步骤和最终输出的事件。它提供了一种更高层次的事件流，适合需要实时反馈和进度更新的场景。

不同组件的输入和输出类型各不相同，如表 2-1 所示。

表 2-1　不同组件的输入和输出类型

组　　件	输入类型	输出类型
Prompt	字典	PromptValue
ChatModel	单个字符串、聊天消息列表或 PromptValue	ChatMessage
LLM	单个字符串、聊天消息列表或 PromptValue	字符串
OutputParser	LLM 或 ChatModel 的输出	取决于解析器
Retriever	单个字符串	文档列表
Tool	单个字符串或字典，取决于具体工具	取决于工具

所有继承自 Runnable 对象的组件都必须包括输入和输出模式说明，即 input_schema 和 output_schema，用于校验输入和输出数据。

2.2.5　使用 LangSmith 进行观测

在 env 文件中设置好下面的环境变量，接着执行一次之前的应用示例，会发现所有组件的调用过程都自动记录到 LangSmith 中。可运行序列 RunnableSequence 由 ChatPromptTemplate、ChatOpenAI 和 CommaSeparatedListOutputParser 三种基本组件组成，每个组件的输入输出、执行时间、token 消耗情况、执行顺序等会被记录下来，如图 2-1 所示。有了这些指标，对应用运行时的状态进行观测就方便了许多，也可以将这些监控记录用于评估 AI 应用的稳定性。

```
LANGCHAIN_TRACING_V2="true"
LANGCHAIN_API_KEY=...
```

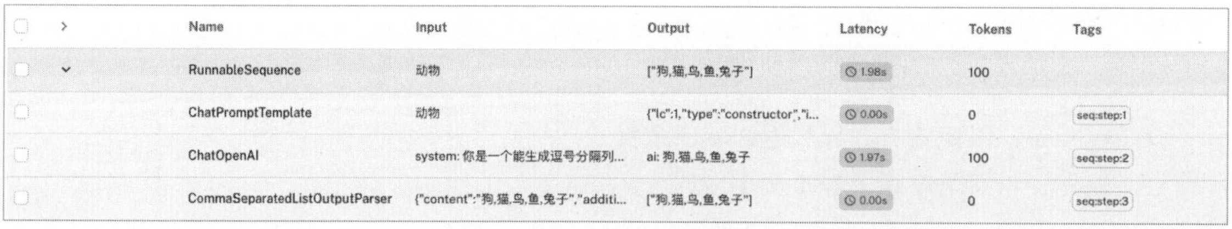

	>	Name	Input	Output	Latency	Tokens	Tags
	˅	RunnableSequence	动物	["狗,猫,鸟,鱼,兔子"]	⏱ 1.98s	100	
		ChatPromptTemplate	动物	{"lc":1,"type":"constructor","i...	⏱ 0.00s	0	seq:step:1
		ChatOpenAI	system: 你是一个能生成逗号分隔列...	ai: 狗,猫,鸟,鱼,兔子	⏱ 1.97s	100	seq:step:2
		CommaSeparatedListOutputParser	{"content":"狗,猫,鸟,鱼,兔子","additi...	["狗,猫,鸟,鱼,兔子"]	⏱ 0.00s	0	seq:step:3

图 2-1　LangSmith 监控记录

2.2.6 使用 LangServe 提供服务

我们已经构建了一个 LangChain 程序，接下来需要对其进行部署，通过接口的方式供下游应用调用，而 LangServe 的作用就在于此：帮助开发者将 LCEL 链作为 RESTful API 进行部署。为了创建应用服务器，在 serve.py 文件中定义三样东西：

- ❑ 链的定义；
- ❑ FastAPI 应用声明；
- ❑ 用于服务链的路由定义，可以使用 langserve.add_routes 完成。

```python
from typing import List

from fastapi import FastAPI
from langchain_core.prompts import ChatPromptTemplate
from langchain_core.output_parsers import BaseOutputParser
from langchain_deepseek import ChatDeepSeek
from langserve import add_routes

# 链定义
class CommaSeparatedListOutputParser(BaseOutputParser[List[str]]):
    """ 将 LLM 逗号分隔格式的输出内容解析为列表。"""

    def parse(self, text: str) -> List[str]:
        """ 解析 LLM 调用的输出。"""
        return text.strip().split(", ")

template = """ 你是一个能生成以逗号分隔的列表的助手，用户会传入一个类别，你应该生成该类别下的 5 个对象，
并以逗号分隔的形式返回。
只返回以逗号分隔的内容，不要包含其他内容。"""
human_template = "{text}"

chat_prompt = ChatPromptTemplate.from_messages([
    ("system", template),
    ("human", human_template),
])
first_chain = chat_prompt | ChatDeepSeek(model="deepseek-chat") | CommaSeparatedListOutputParser()

# 应用定义
app = FastAPI(
  title=" 第一个 LangChain 应用 ",
  version="0.0.1",
```

```
  description="LangChain 应用接口 ",
)

# 添加链路由
add_routes(app, first_chain, path="/first_app")

if __name__ == "__main__":
    import uvicorn
    uvicorn.run(app, host="localhost", port=8000)
```

接着直接执行这个文件：

```
python serve.py
```

现在链会在 localhost:8000 上提供服务，可以在终端执行下面的命令：

```
curl -X POST http://localhost:8000/first_app/stream_log \
-H "Content-Type: application/json" \
-d '{
    "input": {
        "text": " 动物 "
    },
    "config": {}
}'
```

输出结果如下：

```
...
event: data
data: {"ops":[{"op":"add","path":"/logs/CommaSeparatedListOutputParser/final_
output","value":{"output":[" 狗，猫，鸟，鱼，兔子 "]}},{"op":"add","path":"/logs/
CommaSeparatedListOutputParser/end_time","value":"2024-10-18T03:38:16.387+00:00"}]}

event: data
data: {"ops":[{"op":"add","path":"/streamed_output/-","value":[" 狗，猫，鸟，鱼，兔子 "]},
{"op":"replace","path":"/final_output","value":[" 狗，猫，鸟，鱼，兔子 "]}]}
event: end
```

可以看到，最终输出格式和前面直接执行链的输出格式一致。由于每个 LangServe 服务
都带有一个简单的内置 UI，用于配置和调用应用，因此不喜欢在命令行操作的用户可以直接
在浏览器中打开地址 http://localhost:8000/first_app/playground/ 体验，效果是一样的，如图 2-2
所示。

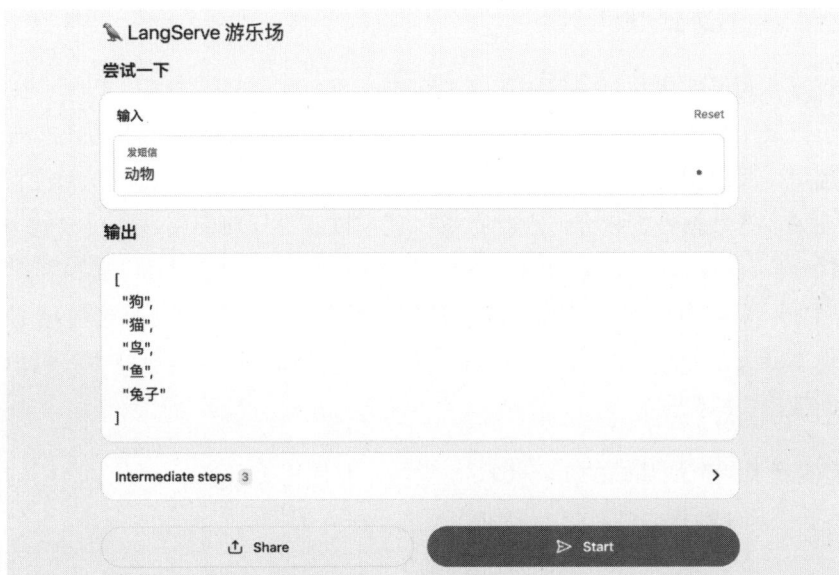

图 2-2　LangServe 服务 UI

上面两种方式可以用于自己测试接口，如果其他人想调用，该怎么办呢？不用着急，LangServe 也封装好了，可通过 `langserve.RemoteRunnable` 轻松使用编程方式与我们的服务进行交互：

```
from langserve import RemoteRunnable

if __name__ == "__main__":
    remote_chain = RemoteRunnable("http://localhost:8000/first_app/")
    # 输出：['狗'，'猫'，'鸟'，'鱼'，'兔子']
    print(remote_chain.invoke({"text": "动物"}))
```

至此，我们了解了如何快速构建 LangChain 应用，接下来探讨在此过程中应注意的最佳安全实践。

2.3　最佳安全实践

虽然使用 LangChain 开发应用很方便，但开发者必须时刻警惕安全风险。忽略安全问题可能会导致数据丢失、未授权访问敏感信息、资源性能降低和可用性问题。因此，采取一些最佳的安全措施是非常重要的。

下面是一些有益的安全实践建议。

- ❑ **限制权限**：确保应用的权限仅限于必要范围。避免权限过度放宽，以减少安全隐患。例如，可以采用只读权限、禁止访问敏感资源或在容器中运行应用以实现沙箱化。
- ❑ **防范滥用**：大模型可能会产生不准确的输出，因此，要警惕系统访问和授权被滥用的风险。比如，若数据库授权允许删除数据，就应该假设任何使用这些授权的模型都可能出现误操作。
- ❑ **层层防护**：采取多重安全措施，而不是仅依赖单一手段。即使是经过精心设计的提示词，也不能完全消除操作风险。例如，结合使用只读权限和沙箱技术，可以确保模型只能访问被授权的数据。

本章我们实现了一个最基础的 LangChain 应用，对使用 LangChain 开发应用的流程有了基本的了解，从下一章开始我们将对核心模块逐一进行深入解析。

## 第 3 章

模型输入与输出

在第 2 章中，我们初步了解了大模型的输入输出（I/O）模块。接下来，我们将深入认识大模型的输入与输出。

在传统的软件开发中，API 的调用方和被调用方通常遵循文档中的规定，以确保输出的一致性和可预测性。然而，大模型（如 GPT-3）的运作方式与此不同。它们更像是带有不确定性的"黑盒"，其输出不仅难以控制，而且受输入质量的直接影响。

3.1 大模型原理解释

注：本节旨在为普通读者提供直观的解释，并非深入的科学说明。如需深入了解，请参考《这就是 ChatGPT》[①] 一书，其中详细解释了大模型的工作原理。

大模型的运作基于一种称为**概率模型**的机制，它通过预测可能的输出来响应输入。大模型（如 GPT-3）是基于深度神经网络构建的，通过分析大量的文本数据学习语言模式，包括词语的使用、语法结构和句子的流畅度等，如图 3-1 所示。

输入文本 ——文本处理——> 转换为模型能够理解的数学形式 ——> 基于训练数据预测 ——> 预测下一个词 ——生成响应文本——> 输出响应

图 3-1　大模型运作机制

3.1.1 为什么模型输出不可控

大模型基于概率进行预测，这意味着它们根据训练数据预测下一个最可能的词或短语。这是一个基于统计概率的过程，而非遵循一套严格的规则，这导致输出存在一定的变化范围。举个例子，假设我们输入"今天去"，模型会基于概率预测接下来的词，如下所示。

① 本书中文版已由人民邮电出版社图灵公司出版，详见 *ituring.cn/book/3237*。——编者注

(1) **初始输入**："今天去"。

(2) **第一步预测**：模型预测下一个最可能的词。假设基于训练，模型得到 3 个可能的词：学校（30% 的概率）、公园（40% 的概率）、图书馆（30% 的概率）。

(3) **第二步预测**：如果选择了"公园"，模型继续预测接下来的词。假设可能的词有：玩耍（50% 的概率）、散步（20% 的概率）、读书（30% 的概率）。

(4) **生成结果**：模型根据这些概率逐步构建整个句子。比如它可能根据最高概率最后生成"今天去公园玩耍"，如图 3-2 所示。

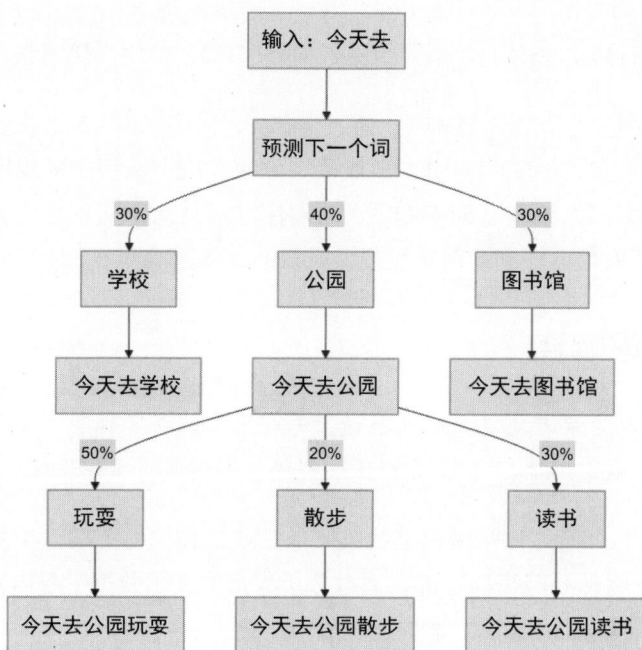

图 3-2　模型输出过程

这个例子展示了大模型通过逐步预测，每次选择概率最高的词来构建句子的过程。

3.1.2　输入对输出的影响

输入的质量直接影响模型的输出效果。模糊、错误或不相关的输入可能导致输出偏离预期；清晰、准确的输入则有助于模型更好地理解请求，提供更相关的输出。

比较以下两个输入及其对应的输出。

输入：你是一个专门指导初学者编程的经验丰富的老师，希望你根据基础编程概念和最佳实践，解释 Python 中变量的作用，并给出两个简洁明了的实例，避免使用复杂的术语。

输出：

当然，我很乐意帮助初学者理解 Python 中变量的概念和作用。

变量的作用

1. **存储数据**：在编程中，变量就像是一个储物箱，你可以在其中存放数据，比如数字、文本或者更复杂的信息。
2. **代码复用**：使用变量可以帮助我们复用代码。例如，你需要多次使用同一个数据，便可以把它存储在一个变量中，然后多次引用这个变量。
3. **提高代码可读性**：变量可以给数据命名，这样代码更容易理解。比如，使用 total_score 比直接写一个数字更能清晰地表达使用这个变量的意图。

实例 1：存储和使用数字

假设你要计算两个数的和，可以使用变量来存储这两个数，然后进行计算：

```
number1 = 5
number2 = 3
sum = number1 + number2
print(sum)  # 输出结果将是 8
```

在这个例子中：

- number1 和 number2 是变量，它们分别存储了数字 5 和 3；
- sum 是另一个变量，用来存储 number1 和 number2 相加的结果；
- 最后一行代码打印出 sum 的值，即 8。

实例 2：存储文本

变量不仅可以存储数字，还可以存储文本（在编程中称为"字符串"）。

```
greeting = "Hello"
name = "Alice"
message = greeting + ", " + name + "!"
print(message)  # 输出结果将是 "Hello, Alice!"
```

在这个例子中：

- greeting 存储了文本 "Hello"；
- name 存储了文本 "Alice"；
- message 使用加号"+"将 greeting 和 name 组合成一个新的字符串；
- 打印 message 将显示合并后的文本 "Hello, Alice!"。

这些例子展示了在 Python 中变量如何被用来存储和操作数据，同时保持代码简洁和清晰。

输入：解释一下编程中的变量。

输出：

在编程中，变量是一种基本且非常重要的概念。变量可以看作存储数据的容器。在编程中，变量具有如下重要作用。

1. 数据存储：变量允许程序存储和操作数据。例如，一个变量可以存储用户年龄，另一个变量可以存储用户名。
2. 代码可读性：使用变量可以使代码更易于理解。比如，`totalPrice` 这个变量名比一串神秘的数字更能清晰地表达这个变量的用途。
3. 代码复用：变量提高了代码的可复用性。通过在程序的不同部分引用同一个变量，可以避免重复的硬编码值。
4. 易于维护：如果需要更改某个值，只需在变量的定义处更改它，而不必在程序中每一个使用该值的地方都进行更改。
5. 控制流：变量常常用于控制程序的执行流程，例如，在循环和条件语句中使用。
6. 数据传递：在函数或方法之间传递数据时，通常会使用变量作为参数。

理解变量的概念和如何有效地使用它们对于成为一名专业程序员至关重要。

将自己代入编程初学者的视角，是不是第一个例子的回答的接受度更高呢？

在上述例子中，我们使用了 **CRISPE 框架**（如表 3-1 所示）来构建输入。这个框架由开源社区的 Matt Nigh 提出，它可以帮助我们为模型提供详细的背景、任务目标和输出格式要求，这样的输入使得模型输出更加符合预期，内容更加清晰和详细。

表 3-1　CRISPE 框架解释

概　念	含　义	示　例
CR：capacity and role（能力与角色）	希望模型扮演怎样的角色以及角色具备哪些能力	你是一个专门指导初学者编程的经验丰富的老师
I：insight（洞察力）	完成任务所依赖的背景信息	根据基础编程概念和最佳实践
S：statement（指令）	希望模型做什么，任务的核心关键词和目标	解释 Python 中变量的作用，并给出实例
P：personality（个性）	希望模型以什么风格或方式输出	使用简洁明了的语言，避免使用复杂的术语
E：experiment（尝试）	要求模型提供多个答案，任务输出结果数量	提供两个不同的例子来展示变量的使用

这里的输入其实就是后续我们经常会提到的**提示词**，提示词在与大模型的交互中扮演着关键角色。它们是提供给模型的输入文本，可以引导模型生成特定主题或类型的文本。在自然语言处理任务中，提示词充当了问题或任务的输入，而模型的输出则是对问题的回答或完成任务的结果。

上述例子仅仅是初步尝试，接下来继续探索 LangChain 在实际应用中是如何管理这些提示词的。

3.2 提示词模板组件

LangChain 的提示词模板组件是一个强大的工具，用于简化和高效地构建提示词。其优势在于能够让我们**复用大部分静态内容，同时只需动态修改部分变量**。

3.2.1 基础提示词模板

为了构建一个基础的提示词模板，首先需要在程序中引入 PromptTemplate 类。这个类允许我们定义一个包含变量的模板字符串，从而在需要时替换这些变量。例如，想翻译一段文字并指定翻译的风格，可以像下面这样创建模板和格式化变量：

```python
from langchain_core.prompts import PromptTemplate

# 创建一个提示词模板
template = PromptTemplate.from_template(" 翻译这段文字：{text}，风格：{style}")
# 使用具体的值格式化模板
formatted_prompt = template.format(text=" 我爱编程 ", style=" 诙谐有趣 ")
print(formatted_prompt)
```

在这个示例中，{text} 和 {style} 是模板中的变量，它们可以被动态替换。这种方式极大地简化了提示词的构建过程，特别是在处理复杂或重复的提示词时。

值得注意的是，PromptTemplate 实际上是 BasePromptTemplate 的一个扩展（如图 3-3 所示）。它特别实现了一个自己的 format 方法，这个方法内部使用了 Python 的 f-string 语法。f-string（格式化字符串字面量）是 Python 中一种方便的字符串格式化方法，允许将表达式直接嵌入字符串中。

PromptTemplate

input_variables : List[str]
lc_attributes
template : str
template_format : Union[Literal['f-string'], Literal['jinja2']]
validate_template : bool

format() -> str
from_examples(examples: List[str] suffix: str, input_variables: List[str] example_separator: str, prefix: str) -> PromptTemplate
from_file(template_file: Union[str, Path], input_variables: List[str]) -> PromptTemplate
from_template(template: str) -> PromptTemplate
template_is_valid(values: Dict) -> Dict

StringPromptTemplate

format_prompt() -> PromptValue

ChatPromptTemplate

input_variables : List[str]
messages : List[MessageLike]
validate_template : bool

append(message: MessageLikeRepresentation) -> None
extend(messages: Sequence[MessageLikeRepresentation]) -> None
format() -> str
format_messages() -> List[BaseMessage]
from_messages(messages: Sequence[MessageLikeRepresentation]) -> ChatPromptTemplate
from_role_strings(string_messages: List[Tuple[str, str]]) -> ChatPromptTemplate
from_strings(string_messages: List[Tuple[Type[BaseMessagePromptTemplate], str]]) -> ChatPromptTemplate
from_template(template: str) -> ChatPromptTemplate
partial() -> ChatPromptTemplate
save(file_path: Union[Path, str]) -> None
validate_input_variables(values: dict) -> dict

BaseChatPromptTemplate

lc_attributes

format() -> str
format_messages() -> List[BaseMessage]
format_prompt() -> PromptValue

BasePromptTemplate

OutputType
input_types : Dict[str, Any]
input_variables : List[str]
output_parser : Optional[BaseOutputParser]
partial_variables : Mapping[str, Union[str, Callable[[], str]]]

dict() -> Dict
format() -> str
format_prompt() -> PromptValue
get_input_schema(config: Optional[RunnableConfig]) -> Type[BaseModel]
invoke(input: Dict, config: RunnableConfig | None) -> PromptValue
is_lc_serializable() -> bool
partial() -> BasePromptTemplate
save(file_path: Union[Path, str]) -> None
validate_variable_names(values: Dict) -> Dict

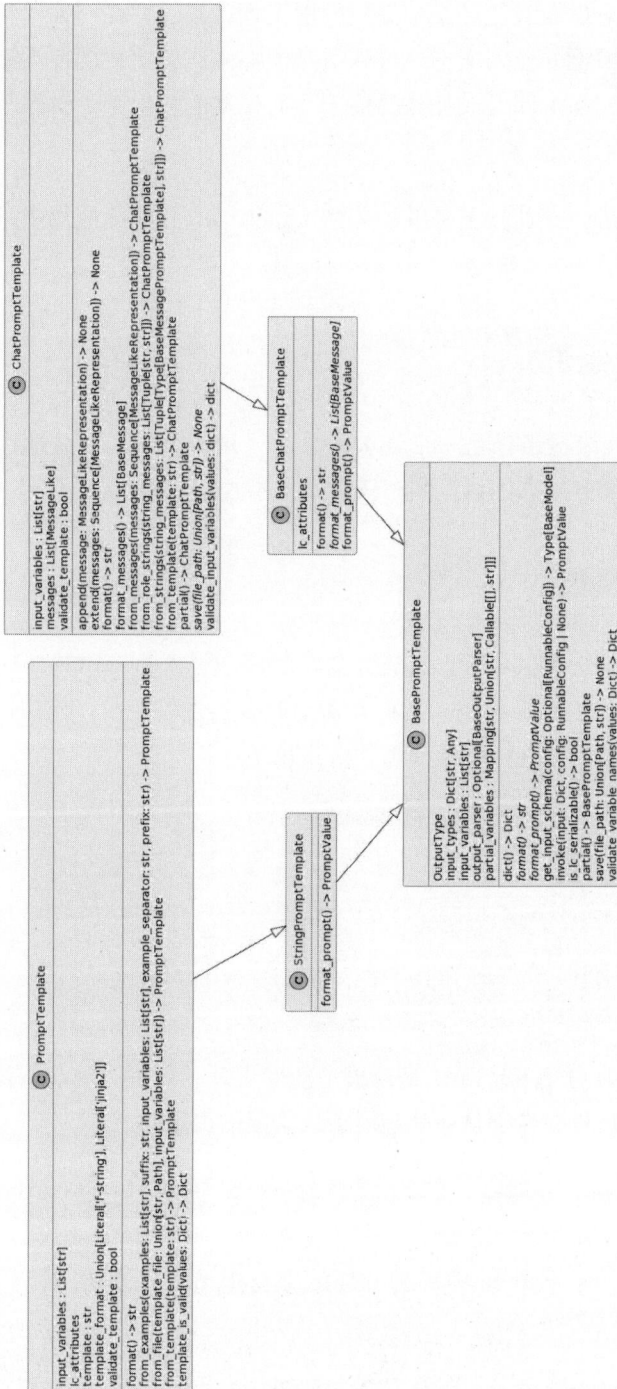

图 3-3 PromptTemplat 与 BasePromptTemplate 的继承关系

通过这种方式，LangChain 使得提示词的创建更加灵活和高效，特别是在需要快速调整和试验不同的提示词时。

3.2.2　自定义提示词模板

接下来通过一个示例来展示如何自定义一个提示词模板。我们的目标是创建一个模板，它可以生成关于人物信息的 JSON 格式输出。首先，我们从 langchain_core.prompts 引入 StringPromptTemplate 类，并定义一个继承自此类的自定义模板类 PersonInfoPromptTemplate：

```python
import json
from pydantic import BaseModel, field_validator
from langchain_core.prompts import StringPromptTemplate


delimiter = "####"
PROMPT = f"""将每个用户的信息用 {delimiter} 字符分割，并按照 JSON 格式提取姓名、职业和爱好信息。
示例如下："""


class PersonInfoPromptTemplate(StringPromptTemplate, BaseModel):
    """自定义提示词模板，用于生成关于人物信息的 JSON 格式输出。"""

    # 验证输入变量
    @field_validator("input_variables")
    def validate_input_variables(cls, v):
        if "name" not in v:
            raise ValueError("name 字段必须包在 input_variable 中。")
        if "occupation" not in v:
            raise ValueError("occupation 字段必须包含在 input_variable 中。")
        if "fun_fact" not in v:
            raise ValueError("fun_fact 字段必须包含在 input_variable 中。")
        return v

    # 格式化输入，生成 JSON 格式输出
    def format(self, **kwargs) -> str:
        person_info = {
            "name": kwargs.get("name"),
            "occupation": kwargs.get("occupation"),
            "fun_fact": kwargs.get("fun_fact")
        }
        return PROMPT + json.dumps(person_info, ensure_ascii=False)
```

```
    # 指定模板类型
    def _prompt_type(self):
        return "person-info"

# 使用模板
person_info_template = PersonInfoPromptTemplate(input_variables=["name", "occupation", "fun_
fact"])
prompt_output = person_info_template.format(
    name=" 张三 ",
    occupation=" 软件工程师 ",
    fun_fact=" 喜欢攀岩 "
)
```

这样，我们成功创建了一个自定义模板，它能够生成包含人物姓名、职业和爱好的 JSON 格式提示。当我们调用 format 方法并传入相应的参数时，它会返回以下内容：

```
将每个用户的信息用 #### 字符分割，并按照下面的示例提取姓名、职业和爱好信息。
示例如下：
{"name": " 张三 ", "occupation": " 软件工程师 ", "fun_fact": " 喜欢攀岩 "}
```

这个自定义提示词模板展示了如何灵活地利用 LangChain 的功能来满足特定的格式化需求。

3.2.3　使用 FewShotPromptTemplate

LangChain 还提供了 FewShotPromptTemplate 组件，用于创建"少样本学习"（few-shot learning）提示，这种提示在大模型中非常有用，尤其是在处理模型可能不熟悉的任务时。它通过在提示中提供一些示例来"教"模型如何执行特定任务：

```
from langchain_core.prompts import PromptTemplate
from langchain_core.prompts import FewShotPromptTemplate

example_prompt = PromptTemplate(input_variables=["input", "output"], template=" 问题：
{input}\n{output}")
# 创建 FewShotPromptTemplate 实例
# 示例中包含了一些教模型如何回答问题的样本
template = FewShotPromptTemplate(
    examples=[
        {"input": "1+1 等于多少？ ", "output": "2"},
        {"input": "3+2 等于多少？ ", "output": "5"}
    ],
```

```
    example_prompt=example_prompt,
    input_variables=["input"],
    suffix=" 问题：{input}"
)
prompt = template.format(input="5-3 等于多少？")
```

FewShotPromptTemplate 在 format 方法中使用 PromptTemplate 格式化少量示例：

```python
class FewShotPromptTemplate(_FewShotPromptTemplateMixin, StringPromptTemplate):
    """ 包含少量样本示例的提示词模板 """
            ...
    input_variables: list[str] = Field(default_factory=list)
    """ 提示词模板期望的变量名称列表 """

    example_prompt: Union[BaseMessagePromptTemplate, BaseChatPromptTemplate]
    """ 用于格式化少量示例的 PromptTemplate """

    suffix: str
    """ 在示例之后放置的提示词模板字符串 """

    example_separator: str = "\n\n"
    """ 用于连接前缀、示例和后缀的字符串分隔符 """

    prefix: str = ""
    """ 在示例之前放置的提示词模板字符串 """

    def format(self, **kwargs: Any) -> str:
        kwargs = self._merge_partial_and_user_variables(**kwargs)
        # 获取要使用的示例
        examples = self._get_examples(**kwargs)
        examples = [
            {k: e[k] for k in self.example_prompt.input_variables} for e in examples
        ]
        # 格式化示例
        example_strings = [
            self.example_prompt.format(**example) for example in examples
        ]
        # 创建整体模板
        pieces = [self.prefix, *example_strings, self.suffix]
        template = self.example_separator.join([piece for piece in pieces if piece])
        # 使用输入变量格式化模板
        return DEFAULT_FORMATTER_MAPPING[self.template_format](template, **kwargs)
    ...
```

利用已有的少量示例来指导大模型处理类似的任务，这在模型未经特定训练或对某些任务不熟悉的情况下非常有用。这种方法提高了模型处理新任务的能力，尤其是在数据受限的情况下。

3.2.4 示例选择器

上面提到少样本学习需要提供少量示例，而示例选择器就是用来决定使用哪些示例的。自定义示例选择器允许用户基于自定义逻辑从一组给定的示例中选择，这种选择器需要实现两个主要方法。

- ❏ add_example 方法：接收一个示例并将其添加到 ExampleSelector 中。
- ❏ select_examples 方法：接收输入变量（通常是用户输入）并返回用于少样本学习提示的一系列示例。

LangChain 内置了 4 种选择器，它们都继承自 BaseExampleSelector（如图 3-4 所示）。

- ❏ **LengthBasedExampleSelector**：一种基于长度的示例选择器。其核心思想是根据输入的长度（例如文本的字符数或单词数）来选择示例。这种选择器通常用于确保所选示例与输入数据在长度上相似，从而提高语言模型处理输入的效率和准确性。例如，在处理文本生成任务时，如果输入文本较短，LengthBasedExampleSelector 可能会倾向于选择较短的示例；如果输入较长，它可能会选择更长的示例。这样做的目的是使模型能够更好地理解和生成与输入长度相匹配的内容，从而提高生成文本的相关性和一致性。

- ❏ **MaxMarginalRelevanceExampleSelector**（最大边缘相关性示例选择器）：用来挑选出既相关又多样化的示例。假设你在制作一个问答系统，希望给 AI 提供一些示例问题和答案，以帮助它更好地回答新问题，同时保证这些示例既和新问题相关，又不会太过相似，以便给 AI 展示更多样的情况。这就是 MaxMarginalRelevanceExampleSelector 发挥作用的地方。

  举个例子。假设你有一堆关于动物的问题和答案，现在新问题是关于猫的，这个选择器首先会找出所有和猫相关的问题，但如果它只选择关于猫的问题，那就太单调了。所以，它可能会挑选一个直接相关的问题（比如关于猫的饮食习惯），然后再挑选一个间接相关的问题（比如关于宠物饲养的一般问题），这样，AI 就可以从多种角度学习，并准备好回答更广泛的问题。

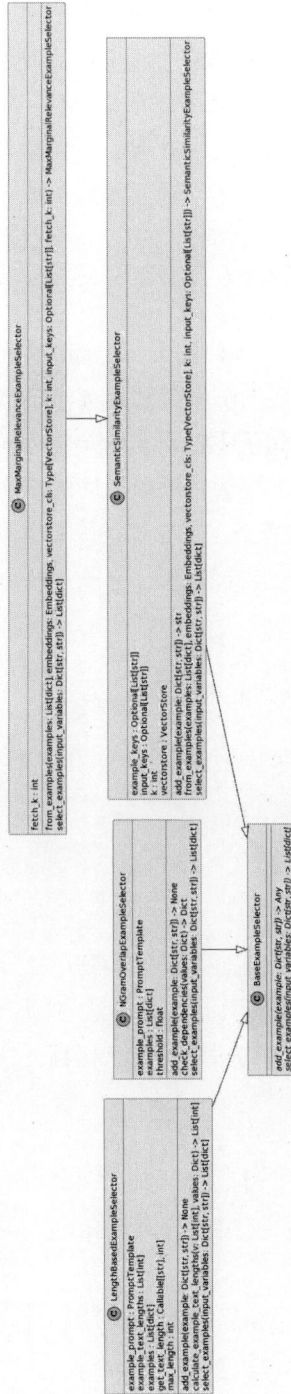

图 3-4 示例选择器之间的关系

❑ **SemanticSimilarityExampleSelector**（语义相似度示例选择器）：它会从一堆给定的示例中挑选出和当前问题在语义上最相似的几个，这通过分析和比较词、短语和整体话题的意义来实现。简单来说，这个工具可以帮助 AI 更好地理解当前的问题，并从相关的示例中学习，以提供更准确、更合适的答案。你去图书馆寻找关于如何烹饪意大利面的图书，图书管理员首先要弄清楚你的问题，然后从成千上万本书中找出几本和你的问题最相关的。他不仅会找介绍意大利面的书，还会找那些在内容上和你的问题最为贴近的，比如讲述意大利面食材选择或烹饪方法的书，该选择器的工作原理与之类似。

❑ **NGramOverlapExampleSelector**：一种基于 n-gram 重叠的示例选择器。它的核心思想是从一组示例中选出与输入数据在词语（特别是 n-gram，即连续的词序列）上有最多重叠的示例。假设你需要从一系列句子中选出与给定输入句子最相关的句子，这里的"相关性"是通过比较输入句子和每个候选句子中的词语来确定的。具体来说，n-gram 重叠是指句子中连续的词序列（比如两个、三个或更多连续的词）在两个句子之间的匹配度。NGramOverlapExampleSelector 会计算输入句子和每个候选句子之间的这种重叠程度，并选择重叠最多的句子。

  - 假设输入句子是："我喜欢晴朗的天气。"
  - 候选句子有：

    1. "我不喜欢雨天。"
    2. "天气晴朗让我感觉非常开心。"
    3. "我喜欢吃苹果。"

  在这里，第二个句子（"天气晴朗让我感觉非常开心"）与输入句子的 n-gram 重叠最多（比如都含有"晴朗""我""天气"）。这种方法在确定哪些历史数据或示例与当前的查询或话题最相关时非常有用，尤其适用于聊天机器人、问答系统或任何需要从一组数据中提取最相关信息的场景。

下面我们动手实现一个自定义示例选择器，其中 select_examples 方法随机选择两个示例：

```python
from langchain_core.example_selectors import BaseExampleSelector
from typing import Dict, List
import numpy as np


class CustomExampleSelector(BaseExampleSelector):
```

```python
    def __init__(self, examples: List[Dict[str, str]]):
        self.examples = examples

    def add_example(self, example: Dict[str, str]) -> None:
        """ 添加新的示例 """
        self.examples.append(example)

    def select_examples(self, input_variables: Dict[str, str]) -> List[dict]:
        """ 根据输入选择使用哪些示例 """
        return np.random.choice(self.examples, size=2, replace=False)
```

创建了自定义选择器后，初始化并使用它来选择示例：

```python
examples = [
    {"foo": "1"},
    {"foo": "2"},
    {"foo": "3"}
]
# 初始化示例选择器
example_selector = CustomExampleSelector(examples)

# 选择示例
example_selector.select_examples({"foo": "foo"})

# 添加新的示例
example_selector.add_example({"foo": "4"})
example_selector.examples

# 选择示例
example_selector.select_examples({"foo": "foo"})
```

使用 LangChain 的提示词模板，不仅能够有效地管理和复用提示词，还能轻松地将大模型的输出格式化，便于在代码中调用，这大大简化了处理复杂提示词的过程，特别是当项目规模增大、提示词变得更长时。

3.3　大模型接口

了解了大模型的工作原理和提示词的设计技巧后，接下来进入 LangChain 大模型接口的话题，开始对它背后的设计思路一探究竟。

3.3.1　聊天模型

LangChain 提供了一系列基础组件，用于与大模型进行交互。在这些组件中，聊天模型 `BaseChatModel` 类专门用于实现对话交互，它能够接收用户的查询或指令，并提供针对性的响应。

聊天模型是语言模型的一个特殊变体。尽管在内部使用了语言模型，但聊天模型的接口与通用语言模型不同，通用语言模型通常以"输入文本，输出文本"的形式工作，而聊天模型则采用"聊天消息"作为输入和输出，因而更适合模拟实际对话。

LangChain 支持多种聊天模型，如图 3-5 所示。

聊天模型还支持批量模式和流模式。批量模式允许同时处理多组消息，适用于需要一次性处理大量对话的场景；流模式更适合实时处理消息，提供连续的对话交互体验。这些功能使得聊天模型在对话交互方面更加灵活和强大。

3.3.2　聊天模型提示词的构建

在 LangChain 中，聊天模型的提示词构建基于多种类型的消息，而不是单纯的文本。这些消息类型如下所示。

- **AIMessage**：由大模型生成的消息。
- **HumanMessage**：用户输入的消息。
- **SystemMessage**：系统生成的消息。
- **ChatMessage**：可以自定义类型的消息。

为了创建这些类型的提示词，LangChain 提供了 `MessagePromptTemplate`，它可以结合多个 `BaseStringMessagePromptTemplate` 来构建一个完整的 `ChatPromptTemplate`，如图 3-6 所示。下面的示例展示了如何使用这些模板来生成针对特定情景的提示词。

QianfanChatEndpoint
```
client
endpoint : Optional[str]
model : str
model_kwargs : Dict[str, Any]
penalty_score : Optional[float]
qianfan_ak : Optional[str]
qianfan_sk : Optional[str]
request_timeout : Optional[int]
streaming : Optional[bool]
temperature : Optional[float]
top_p : Optional[float]
validate_environment(values: Dict) -> Dict
```

ChatTongyi
```
client
dashscope_api_key : Optional[str]
lc_secrets
max_retries : int
model_kwargs : Dict[str, Any]
model_name : str
n : int
prefix_messages : List
result_format : str
streaming : bool
top_p : float
completion_with_retry(run_manager: Optional[CallbackManagerForLLMRun]) -> Any
stream_completion_with_retry(run_manager: Optional[CallbackManagerForLLMRun]) -> Any
validate_environment(values: Dict) -> Dict
```

ChatOpenAI
```
client : Optional[Any]
lc_attributes
lc_secrets
max_retries : int
max_tokens : Optional[int]
model_kwargs : Dict[str, Any]
model_name : str
n : int
openai_api_base : Optional[str]
openai_api_key : Optional[str]
openai_organization : Optional[str]
openai_proxy : Optional[str]
request_timeout : Optional[Union[float, Tuple[float, float]]]
streaming : bool
temperature : float
tiktoken_model_name : Optional[str]
build_extra(values: Dict[str, Any]) -> Dict[str, Any]
completion_with_retry(run_manager: Optional[CallbackManagerForLLMRun]) -> Any
get_num_tokens_from_messages(messages: List[BaseMessage]) -> int
get_token_ids(text: str) -> List[int]
is_lc_serializable() -> bool
validate_environment(values: Dict) -> Dict
```

ChatGooglePalm
```
client
google_api_key : Optional[str]
lc_secrets
model_name : str
n : int
temperature : Optional[float]
top_k : Optional[int]
top_p : Optional[float]
is_lc_serializable() -> bool
validate_environment(values: Dict) -> Dict
```

BaseChatModel
```
OutputType
cache : Optional[bool]
callback_manager : Optional[BaseCallbackManager]
callbacks : Optional
metadata : Optional[Dict[str, Any]]
tags : Optional[List[str]]
verbose : bool
agenerate(messages: List[List[BaseMessage]], stop: Optional[List[str]], callbacks: Callbacks) -> LLMResult
agenerate_prompt(prompts: List[PromptValue], stop: Optional[List[str]], callbacks: Callbacks) -> LLMResult
ainvoke(input: LanguageModelInput, config: Optional[RunnableConfig]) -> BaseMessage
apredict(text: str) -> str
apredict_messages(messages: List[BaseMessage]) -> BaseMessage
astream(input: LanguageModelInput, config: Optional[RunnableConfig]) -> AsyncIterator[BaseMessageChunk]
call_as_llm(message: str, stop: Optional[List[str]]) -> str
dict() -> Dict
generate(messages: List[List[BaseMessage]], stop: Optional[List[str]], callbacks: Callbacks) -> LLMResult
generate_prompt(prompts: List[PromptValue], stop: Optional[List[str]], callbacks: Callbacks) -> LLMResult
invoke(input: LanguageModelInput, config: Optional[RunnableConfig]) -> BaseMessage
predict(text: str) -> str
predict_messages(messages: List[BaseMessage]) -> BaseMessage
raise_deprecation(values: Dict) -> Dict
stream(input: LanguageModelInput, config: Optional[RunnableConfig]) -> Iterator[BaseMessageChunk]
```

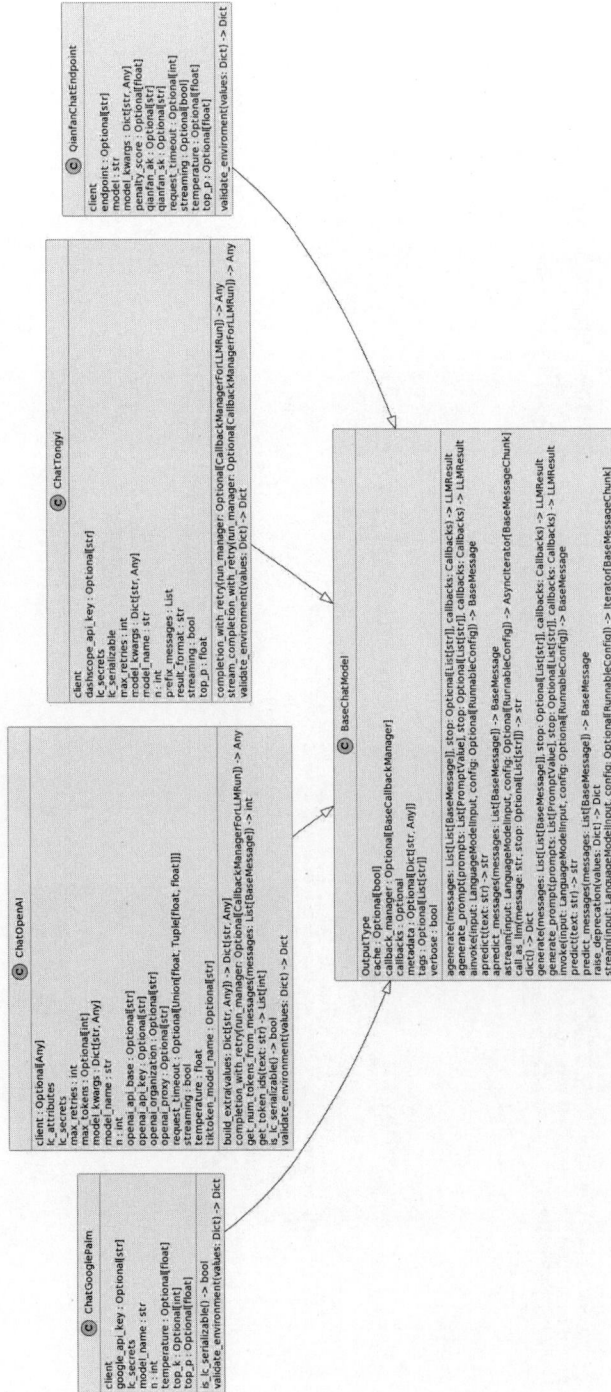

图3-5 LangChain 支持多种聊天模型

AIMessagePromptTemplate

format() -> BaseMessage

ChatMessagePromptTemplate

role : str

format() -> BaseMessage

HumanMessagePromptTemplate

format() -> BaseMessage

SystemMessagePromptTemplate

format() -> BaseMessage

MessagesPlaceholder

input_variables
variable_name : str

format_messages() -> List[BaseMessage]

BaseStringMessagePromptTemplate

additional_kwargs : dict
input_variables
prompt : StringPromptTemplate

format() -> BaseMessage
format_messages() -> List[BaseMessage]
from_template(template: str, template_format: str) -> MessagePromptTemplateT
from_template_file(template_file: Union[str, Path], input_variables: List[str]) -> MessagePromptTemplateT

BaseMessagePromptTemplate

input_variables

format_messages() -> List[BaseMessage]
is_lc_serializable() -> bool

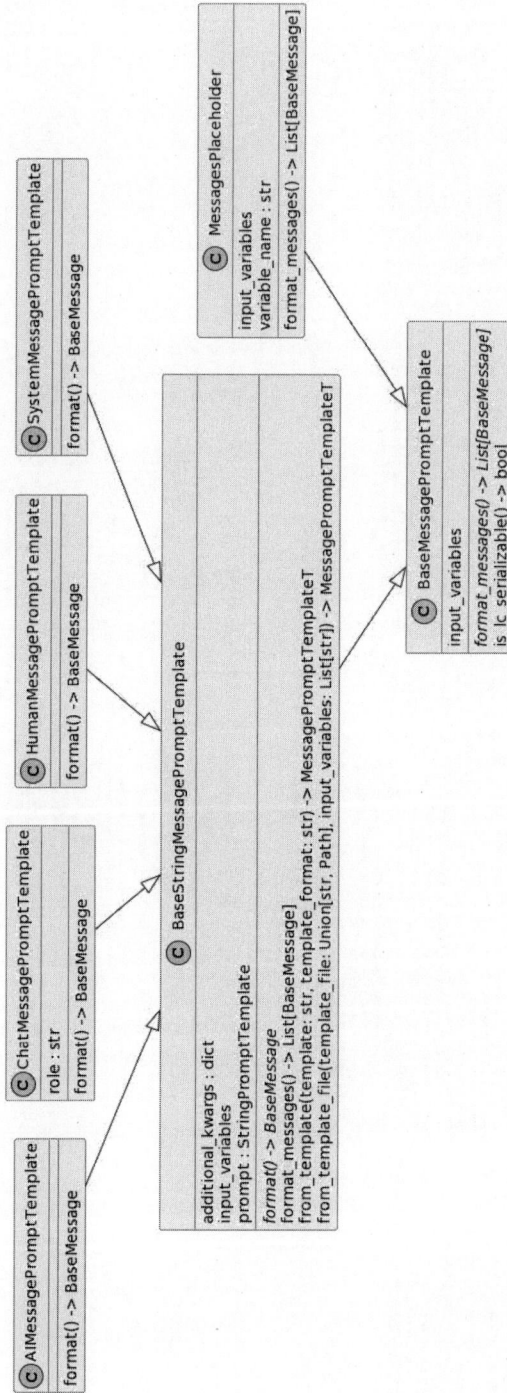

图 3-6　LangChain 消息类型和模板之间的关系

假设我们要构建一个设定翻译助手的提示词，可以按照以下步骤操作：

```python
from langchain_core.prompts import (
    ChatPromptTemplate,
    SystemMessagePromptTemplate,
    HumanMessagePromptTemplate,
)

# 定义系统消息模板
template = " 你是一个翻译助手，可以将 {input_language} 翻译为 {output_language}."
system_message_prompt = SystemMessagePromptTemplate.from_template(template)

# 定义用户消息模板
human_template = "{talk}"
human_message_prompt = HumanMessagePromptTemplate.from_template(human_template)

# 构建聊天提示词模板
chat_prompt = ChatPromptTemplate.from_messages([system_message_prompt, human_message_prompt])

# 生成聊天消息
messages = chat_prompt.format_prompt(
    input_language=" 中文 ",
    output_language=" 英语 ",
    talk=" 我喜欢编程 "
).to_messages()

# 打印生成的聊天消息
for message in messages:
    print(message)
```

这段代码首先定义了系统消息和用户消息的模板，并通过 ChatPromptTemplate 将它们组合起来。然后，我们通过 format_prompt 方法生成了两个消息：一个系统消息和一个用户消息。这样，我们就成功地构建了一个适用于聊天模型的提示词。

通过这种方式，LangChain 使得聊天模型提示词的创建更加灵活和高效，特别适合需要模拟对话交互的场景。

3.3.3　定制大模型接口

LangChain 的核心组成部分之一是 LLM。当前市场上有多家大模型提供商，如 OpenAI、ChatGLM 和 Hugging Face 等，为了实现与不同提供商的 LLM 交互，LangChain 设计了 BaseLLM 类，提供了一个标准化的接口（如图 3-7 所示）。

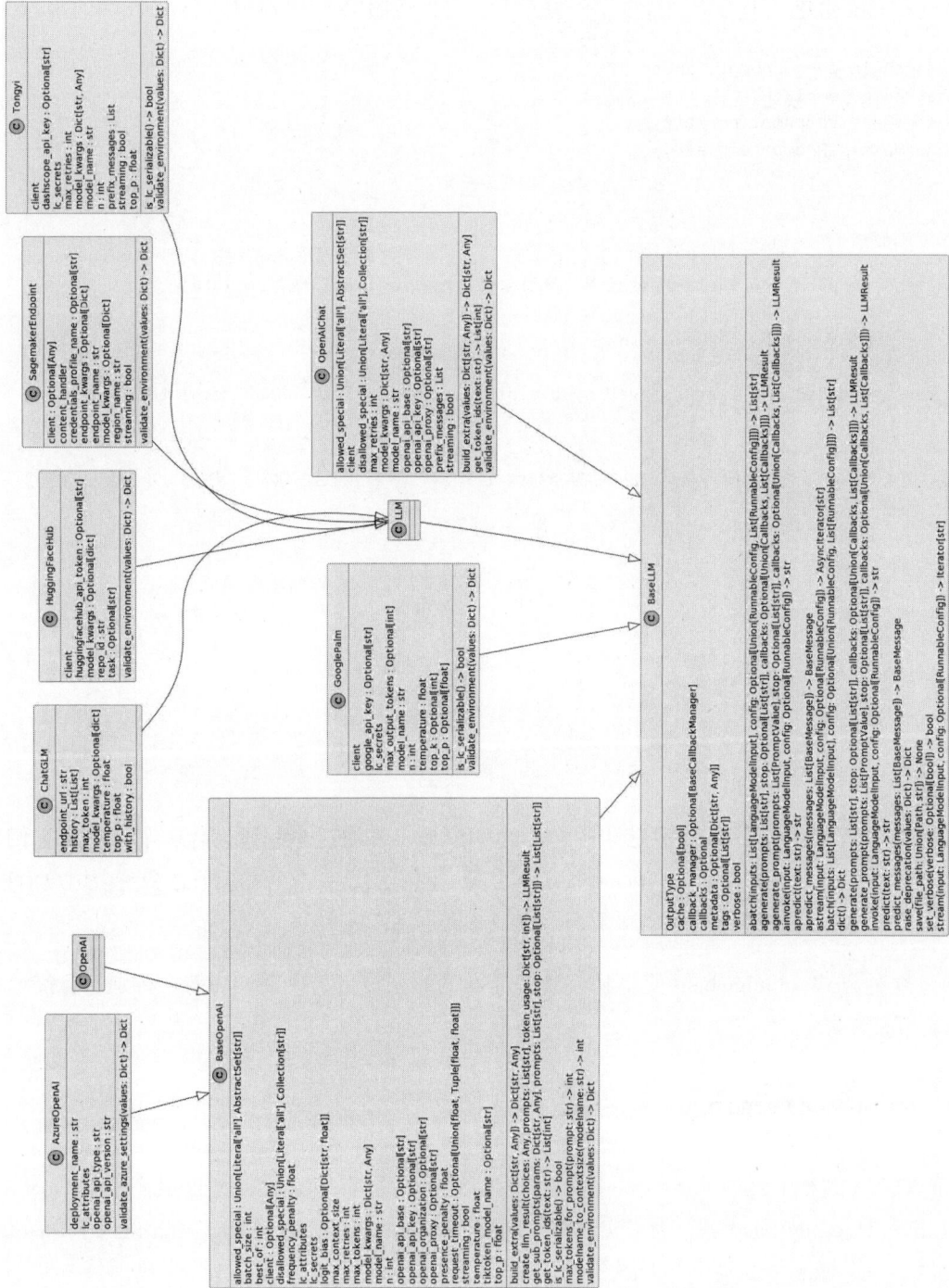

图 3-7 LangChain 的 LLM 标准化接口

在实际应用中，我们可能会使用私有部署的大模型，例如公司内部开发的模型。为此，需要实现一个自定义的 LLM 封装器，以便这些模型与 LangChain 的其他组件协同工作。自定义 LLM 封装器需要实现以下行为和特性。

- ❑ **方法**：_call 方法是与模型交互的核心接口，接收一个字符串和可选的停用词列表，返回一个字符串。
- ❑ **属性**：_identifying_params 属性提供关于该类的信息，有助于打印和调试，返回一个包含关键信息的字典。

我们以 GPT4All 模型为例，展示如何实现一个自定义的 LLM 封装器。GPT4All 是一个生态系统，支持在消费级 CPU 和 GPU 上训练和部署大模型。

```python
import os
import io
import requests
from tqdm import tqdm
from pydantic import Field
from typing import List, Mapping, Optional, Any
from langchain_core.language_models.llms import LLM
from gpt4all import GPT4All

class CustomLLM(LLM):
    """
    一个自定义的 LLM 类，用于集成 GPT4All 模型
    参数：

    model_folder_path: (str) 存放模型的文件夹路径
    model_name: (str) 要使用的模型名称（< 模型名称 >.bin）
    allow_download: (bool) 是否允许下载模型

    backend: (str) 模型的后端（支持的后端：llama/gptj）
    n_threads: (str) 要使用的线程数
    n_predict: (str) 要生成的最大 token 数
    temp: (str) 用于采样的温度
    top_p: (float) 用于采样的 top_p 值
    top_k: (float) 用于采样的 top_k 值
    """
    # 以下是类属性的定义
    model_folder_path: str = Field(None, alias='model_folder_path')
    model_name: str = Field(None, alias='model_name')
    allow_download: bool = Field(None, alias='allow_download')
```

```python
# 所有可选参数
# 使用 typing 库中的相关类型进行类型声明
backend:        Optional[str]   = 'llama'
temp:           Optional[float] = 0.7
top_p:          Optional[float] = 0.1
top_k:          Optional[int]   = 40
n_batch:        Optional[int]   = 8
n_threads:      Optional[int]   = 4
n_predict:      Optional[int]   = 256


# 初始化模型实例
gpt4_model_instance:Any = None

def __init__(self, model_folder_path, model_name, allow_download, **kwargs):
    super(CustomLLM, self).__init__()
    # 类构造函数的实现
    self.model_folder_path: str = model_folder_path
    self.model_name = model_name
    self.allow_download = allow_download

    # 触发自动下载
    self.auto_download()

    # 创建 GPT4All 模型实例
    self.gpt4_model_instance = GPT4All(
        model_name=self.model_name,
        model_path=self.model_folder_path,
    )

def auto_download(self) -> None:
    """
    此方法会将模型下载到指定路径
    """
    ...


@property
def _identifying_params(self) -> Mapping[str, Any]:
    """
    返回一个字典类型，包含 LLM 的唯一标识
    """
    return {
        'model_name' : self.model_name,
```

```python
            'model_path' : self.model_folder_path,
            **self._get_model_default_parameters
        }

    @property
    def _llm_type(self) -> str:
        """
        它告诉我们正在使用什么类型的 LLM
        例如：这里将使用 GPT4All 模型
        """
        return 'gpt4all'

    def _call(
            self,
            prompt: str, stop: Optional[List[str]] = None,
            **kwargs) -> str:
        """
        这是主要的方法，将在我们使用 LLM 时调用。
        重写基类方法，根据用户输入的 prompt 来响应用户，返回字符串。
        """
        params = {
            **self._get_model_default_parameters,
            **kwargs
        }
        # 使用 GPT-4 模型实例开始一个聊天会话
        with self.gpt4_model_instance.chat_session():
            # 生成响应：根据输入的提示词（prompt）和参数（params）生成响应
            response_generator = self.gpt4_model_instance.generate(prompt, **params)
            # 判断是否是流式响应模式
if params['streaming']:
    # 创建一个字符串 IO 流来暂存响应数据
                response = io.StringIO()
                for token in response_generator:
                    # 遍历生成器生成的每个令牌（token）
                        print(token, end='', flush=True)
                        response.write(token)
                response_message = response.getvalue()
                response.close()
                return response_message
# 如果不是流式响应模式，直接返回响应生成器
        return response_generator
```

3.3.4　扩展模型接口

LangChain 为 LLM 提供了几种有用的扩展功能，包括缓存、流式支持，以及追踪模型调用的详细信息。

- ❑ **缓存功能**：当频繁请求相同的内容时，缓存功能可以节省 API 调用成本，同时提高应用程序的响应速度。例如，你的应用反复询问相同的问题，利用缓存可以避免重复调用大模型提供商的 API，从而降低成本并加快响应速度。
- ❑ **流式支持**：LangChain 为所有 LLM 都实现了 Runnable 接口，该接口默认提供 stream 和 astream 方法，为大模型提供基本的流式支持。例如，你可以获取一个迭代器，它会返回大模型提供商的最终响应。这种方法虽然不支持逐 token 的流式传输，但确保了无论使用哪个大模型，你的代码都适用。对于需要异步处理或连续接收数据的场景，这一特性尤其重要。

以上功能强化了 LangChain 与不同 LLM 的交互能力，无论是在节省成本、提升性能，还是满足特定的应用需求方面，这些接口扩展都提供了重要支持。

3.4　输出解析器

LangChain 中的输出解析器负责将语言模型生成的文本转换为更为结构化和实用的格式。比如，你可能不只是需要一段文本，而是需要将其转换为 XML 格式、日期时间对象或者列表等具体的数据结构。

输出解析器的种类繁多，如图 3-8 所示，包括但不限于如下几类。

- ❑ `XMLOutputParser`：将文本输出转换为 XML 格式。
- ❑ `DatetimeOutputParser`：将文本输出转换为日期时间对象。
- ❑ `CommaSeparatedListOutputParser`：将文本输出转换为列表。

你还可以根据需求自定义输出解析器，将文本转换为 JSON 格式、Python 数据类或数据库行等。自定义输出解析器通常需要实现以下方法。

- ❑ `get_format_instructions`：返回一个指令，用于指示语言模型如何格式化输出内容。
- ❑ `parse`：解析语言模型的响应，转换成指定结构。

SimpleJsonOutputParser
parse(text: str) -> Any

JsonKeyOutputFunctionsParser
key_name : str
parse_result(result: List[Generation]) -> Any

JsonOutputFunctionsParser
args_only : bool
strict : bool
parse(text: str) -> Any
parse_result(result: List[Generation]) -> Any

BaseCumulativeTransformOutputParser
diff : bool

StrOutputParser
is_lc_serializable() -> bool
parse(text: str) -> str

BaseTransformOutputParser
atransform(input: AsyncIterator[Union[str, BaseMessage]], config: Optional[RunnableConfig]) -> AsyncIterator[T]
transform(input: Iterator[Union[str, BaseMessage]], config: Optional[RunnableConfig]) -> Iterator[T]

NumberedListOutputParser
get_format_instructions() -> str
parse(text: str) -> List[str]

XMLOutputParser
encoding_matcher: Pattern
tags : Optional[List[str]]
get_format_instructions() -> str
parse(text: str) -> Dict[str, List[Any]]

BaseOutputParser
InputType
OutputType
ainvoke(input: str | BaseMessage, config: RunnableConfig | None) -> T
aparse(text: str) -> T
aparse_result(result: List[Generation]) -> T
dict() -> Dict
get_format_instructions() -> str
invoke(input: str | BaseMessage, config: Optional[RunnableConfig]) -> T
parse(text: str) -> T
parse_result(result: List[Generation]) -> T
parse_with_prompt(completion: str, prompt: PromptValue) -> Any

BaseLLMOutputParser
aparse_result(result: List[Generation]) -> T
parse_result(result: List[Generation]) -> T

MarkdownListOutputParser
get_format_instructions() -> str
parse(text: str) -> List[str]

ListOutputParser
parse(text: str) -> List[str]

CommaSeparatedListOutputParser
get_format_instructions() -> str
is_lc_serializable() -> bool
parse(text: str) -> List[str]

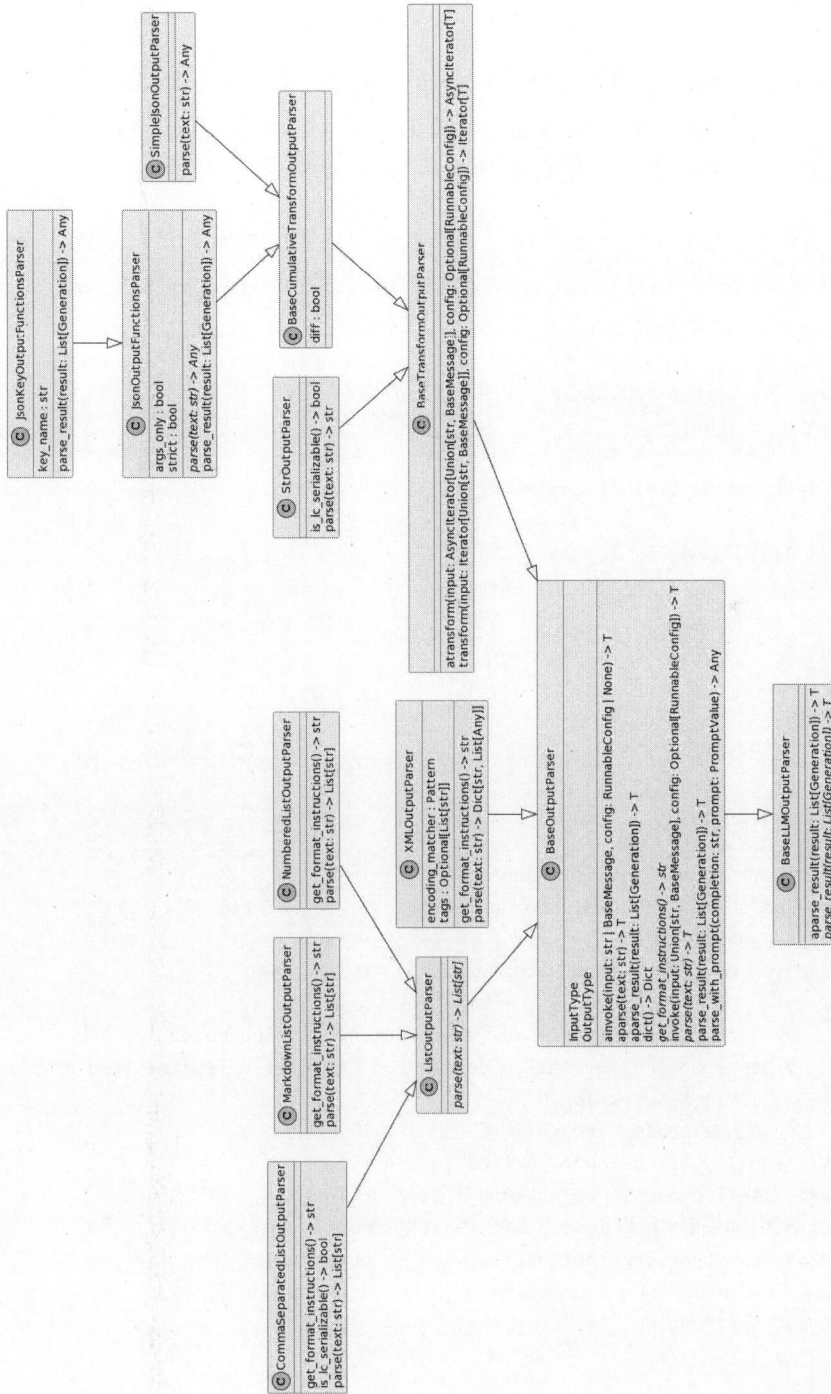

图 3-8 LangChain 中的输出解析器类

可选方法如下。

❑ parse_with_prompt：在处理语言模型的输出时，参考最初用于生成该输出的提示词（问题或指令），可以更有效地理解和调整输出结果，这在尝试改进或修正模型输出格式时非常有用，比如明确要求模型输出 JSON 格式的情况。

下面我们实现一个自定义输出解析器，从自然语言描述中提取花费记录信息用于记账（举这个例子只是为了读者更好地理解输出解释器的作用，记账场景最方便的处理方式是使用少样本学习提示输出 JSON 格式的内容）：

```python
class CustomOutputParser(BaseOutputParser[BaseModel]):
    pydantic_object: Type[T]

    def parse(self, text: str) -> BaseModel:
        """
        解析文本到 Pydantic 模型

        Args:
            text: 要解析的文本

        Returns:
            Pydantic 模型的一个实例
        """
        try:
            # 贪婪搜索第一个 JSON 候选
            json_pattern = r'\n`\`\`json(.*?)\`\`\`\n'
            json_match = re.search(json_pattern, text, re.DOTALL)
            if json_match:
                json_content = json_match.group(1)  # 提取 JSON 字符串
                # 尝试将 JSON 字符串转换为 Python 字典列表
                python_object = json.loads(json_content, strict=False)
                expense_records = [self.pydantic_object.model_validate(item) for item in
                    python_object]
                return expense_records
        except (json.JSONDecodeError, ValidationError) as e:
            name = self.pydantic_object.model_json_schema()
            msg = f" 从输出中解析 {name} 失败 {text}。错误信息：{e}"
            raise OutputParserException(msg, llm_output=text)

    def get_format_instructions(self) -> str:
        """
        获取格式说明
```

```
        Returns:
            格式说明的字符串
        """
        schema = self.pydantic_object..model_json_schema()

        # 移除不必要的字段
        reduced_schema = schema
        if "title" in reduced_schema:
            del reduced_schema["title"]
        if "type" in reduced_schema:
            del reduced_schema["type"]
        # 确保json在上下文中格式正确（使用双引号）
        schema_str = json.dumps(reduced_schema)

        return CUSTOM_FORMAT_INSTRUCTIONS.format(schema=schema_str)



    @property
    def _type(self) -> str:
        """
        获取解析器类型

        Returns:
            解析器的类型字符串
        """
        return "custom output parser"
```

定义一个 ExpenseRecord 模型，用于存储关于花费金额、类别、日期和描述的信息，并使用 Pydantic 解析器来解析这些信息，将自然语言转换为记账信息：

```
class ExpenseRecord(BaseModel):
    amount: float = Field(description=" 花费金额 ")
    category: str = Field(description=" 花费类别 ")
    date: str = Field(description=" 花费日期 ")
    description: str = Field(description=" 花费描述 ")

# 创建 Pydantic 输出解析器实例
parser = CustomOutputParser(pydantic_object=ExpenseRecord)

# 定义获取花费记录的提示词模板
expense_template = '''
请将这些花费记录在我的账本中。
```

```
我的花费记录是：{query}
格式说明：
{format_instructions}
'''


# 使用提示词模板创建实例
prompt = PromptTemplate(
    template=expense_template,
    input_variables=["query"],
    partial_variables={"format_instructions": parser.get_format_instructions()},
)
model = Tongyi()


# 使用模型处理格式化后的提示
chain = prompt | model
# 解析输出结果
expense_records = parser.parse(chain.invoke({"query": "昨天白天我在超市花了45元买日用品，
    晚上我又花了20元打车。"}))


# 遍历并打印花费记录的各个参数
for parameter in expense_record.__fields__:
    print(expense_record.__dict__)
```

最后看看打印结果：

```
{'amount': 45.0, 'category': '日用品', 'date': '昨天', 'description': '在超市购买日用品'}
{'amount': 20.0, 'category': '交通', 'date': '昨天', 'description': '晚上打车费用'}
```

    LangChain 中关于大模型输入输出的介绍到此就结束了。接下来，我们将深入探索 LangChain 的核心模块——链的构建，并通过实例演示如何结合本章内容实现一个实用的应用。

## 第 4 章

链的构建

第 1 章曾提到 LangChain 的核心价值之一是它现成的链，本章将从链的基本概念谈起，接着深入研究链的一些高级特性，然后指导大家实现自定义的链，最后介绍 LangChain 针对常见场景封装的链。

4.1　链的基本概念

在 LangChain 中，链指的是对一系列组件的组合调用，类似于将不同的组件按特定顺序排列起来以完成特定任务。链在处理从简单到复杂的各种应用时都非常有用。例如，你可以创建一条链来处理文本输入，再将其输出转换为特定格式，最后保存结果或进一步处理。

LangChain 起初提供了传统的 Chain 编程接口和 LangChain 表达式语言（LCEL）两种实现链的方式。官方正在逐渐废弃 Chain 编程接口方式，鼓励开发者使用 LCEL 语法，因为后者提供了更直观的语法，同时支持流式传输、异步调用、批处理、并行化和重试等高级功能。本书代码案例中的链实现也均采用 LCEL 语法。

LCEL 的主要优势在于它的直观和灵活性。通过 LCEL，开发者可以轻松组合不同的模块，如输入模板、模型接口和输出解析器，创建高度定制化的处理链。

接下来通过具体的示例展示如何利用 LCEL 构建有效且实用的链。

4.2　LCEL 语法探究

在 LCEL 语法中，每一个子组件对象都实现了 Runnable 接口。在我们之前展示的代码示例中，prompt | model 实际上等同于 prompt.__or__(model)，因为 Python 中的管道符本质上是一种 or 运算。

```
def __or__(
        self,
        other: Union[
            Runnable[Any, Other],
            Callable[[Any], Other],
            Callable[[Iterator[Any]], Iterator[Other]],
            Mapping[str, Union[Runnable[Any, Other], Callable[[Any], Other], Any]],
        ],
    ) -> RunnableSerializable[Input, Other]:
        """ 将此 Runnable 与另一个对象组合，创建 RunnableSequence"""
        return RunnableSequence(self, coerce_to_runnable(other))
```

除了 __or__ 方法，还有 __ror__ 方法，它支持从右至左的 or 运算。

```
def __ror__(
        self,
        other: Union[
            Runnable[Other, Any],
            Callable[[Other], Any],
            Callable[[Iterator[Other]], Iterator[Any]],
            Mapping[str, Union[Runnable[Other, Any], Callable[[Other], Any], Any]],
        ],
    ) -> RunnableSerializable[Other, Output]:
        """ 将此 Runnable 与另一个对象组合，创建 RunnableSequence。注意参数顺序与 or 方法的区别 """
        return RunnableSequence(coerce_to_runnable(other), self)
```

执行 or 或 ror 操作后，实际上是在编排实现 Runnable 接口的组件，这将生成一个 RunnableSequence，它是 LangChain 链式执行的实际载体。通过观察用于最终调用的 invoke 方法，这一点将变得清晰明了。

```
class RunnableSequence(RunnableSerializable[Input, Output]):
    ...
    def invoke(
        self, input: Input, config: Optional[RunnableConfig] = None, **kwargs: Any
    ) -> Output:
        ...
        # 依次执行所有步骤
        try:
            for i, step in enumerate(self.steps):
                # 将每个步骤标记为子级运行
                config = patch_config(
                    config, callbacks=run_manager.get_child(f"seq:step:{i+1}")
                )
```

```
                context = copy_context()
                context.run(_set_config_context, config)
                if i == 0:
                    input = context.run(step.invoke, input, config, **kwargs)
                else:
                    input = context.run(step.invoke, input, config)
        except BaseException as e:
            run_manager.on_chain_error(e)
            raise
        else:
            run_manager.on_chain_end(input)
            return cast(Output, input)
```

LCEL 本质上是 LangChain 定义的一种 LLM 应用编排器，这一过程包括两个关键步骤。

❑ **组件定义**：明确系统中使用的组件，涵盖各类模型（如生成模型、路由模型、评分模型）、向量数据库以及系统可执行的所有操作。

❑ **链式连接（管道化）**：设定系统从接收用户查询到完成指定任务的一系列步骤。这包括查询处理、数据检索、提示词生成、模型响应生成、响应评估，以及基于评估结果决定是自动返回响应还是转交人工处理。

编排器负责在各步骤间传递数据，并确保每个步骤的输出格式满足后续步骤的需求，同时支持与评估及监控工具无缝集成，简化复杂 LLM 应用的构建和管理。

4.3 Runnable 对象接口

理解了 LCEL 语法的实质之后，接下来具体看看 Runnable 对象。第 3 章提到的提示词模板组件对象 BasePromptTemplate、大模型接口对象 BaseLanguageModel 和输出解析器对象 BaseOutputParser 都实现了关键接口——基础 Runnable 对象接口。Runnable 对象接口的设计目的是让不同的组件能够灵活地串联起来，形成功能更强大的处理链。这个接口的实现确保了组件之间的兼容性，并允许它们以一种模块化的方式组合使用。

Runnable 对象是一个可以被调用、批量处理、流式处理、转换和组合的工作单元，通过 input_schema 属性、output_schema 属性和 config_schema 方法提供关于输入、输出和配置的结构化信息，其主要方法如下所示。

❑ invoke/ainvoke：把单个输入转换为输出。

❑ batch/abatch：通过线程池执行器并行执行 invoke 方法，高效地将多个输入转换为输出。

❑ stream/astream：从单个输入中流式生成输出。

❑ astream_log：从输入中流式生成输出及选定的中间结果。

带有 a 前缀的方法是异步的，默认情况下通过 asyncio 的线程池执行对应的同步方法，可以重写以实现原生异步；所有方法都接收一个可选的 config 参数，用来配置执行、添加用于跟踪和调试的标签和元数据等。下面是 Runnable 对象接口的声明：

```
class Runnable(Generic[Input, Output], ABC):
    ...
    @property
    def input_schema(self) -> Type[BaseModel]:
        ...
    @property
    def output_schema(self) -> Type[BaseModel]:
        ...
    def config_schema(
        self, *, include: Optional[Sequence[str]] = None
    ) -> Type[BaseModel]:
        ...
    @abstractmethod
    def invoke(self, input: Input, config: Optional[RunnableConfig] = None) -> Output:
        ...
    async def ainvoke(
        self, input: Input, config: Optional[RunnableConfig] = None, **kwargs: Any
    ) -> Output:
        ...
    def batch(
        self,
        ...
    ) -> List[Output]:
        ...
    async def abatch(
        self,
        ...
    ) -> List[Output]:
        ...
    def stream(
        self,
        ...
    ) -> Iterator[Output]:
        ...
```

```
async def astream(
    self,
    ...
) -> AsyncIterator[Output]:
    ...
async def astream_log(
    self,
    input: Any,
    ...
) -> Union[AsyncIterator[RunLogPatch], AsyncIterator[RunLog]]:
    ...
```

组合 Runnable 对象的主要工具是 RunnableSequence 和 RunnableParallel。RunnableSequence 按顺序调用一系列 Runnable 对象，每个对象的输出作为下一个对象的输入，可以通过 | 运算符 或传递 Runnable 对象列表来构建。RunnableParallel 并行调用多个 Runnable 对象，并为每个 对象提供相同的输入，可以通过传递字典或使用字典字面值来构建。例如：

```
from langchain_core.runnables import RunnableLambda

def test():
    # 使用 | 运算符构造的 RunnableSequence
    sequence = RunnableLambda(lambda x: x - 1) | RunnableLambda(lambda x: x * 2)
    print(sequence.invoke(3)) # 4
    print(sequence.batch([1, 2, 3])) # [0, 2, 4]
    # 包含使用字典字面值构造的 RunnableParallel 的序列
    sequence = RunnableLambda(lambda x: x * 2) | {
        'sub_1': RunnableLambda(lambda x: x - 1),
        'sub_2': RunnableLambda(lambda x: x - 2)
    }
    print(sequence.invoke(3)) # {'sub_1': 5, 'sub_2': 4}
```

在 LangChain 中，有 6 种基础组件实现了 Runnable 对象接口，第 2 章的表 2-1 已经列出了 这些组件及其输入和输出格式，这里不再赘述。

图 4-1 展示了不同组件与 Runnable 对象之间的继承关系。

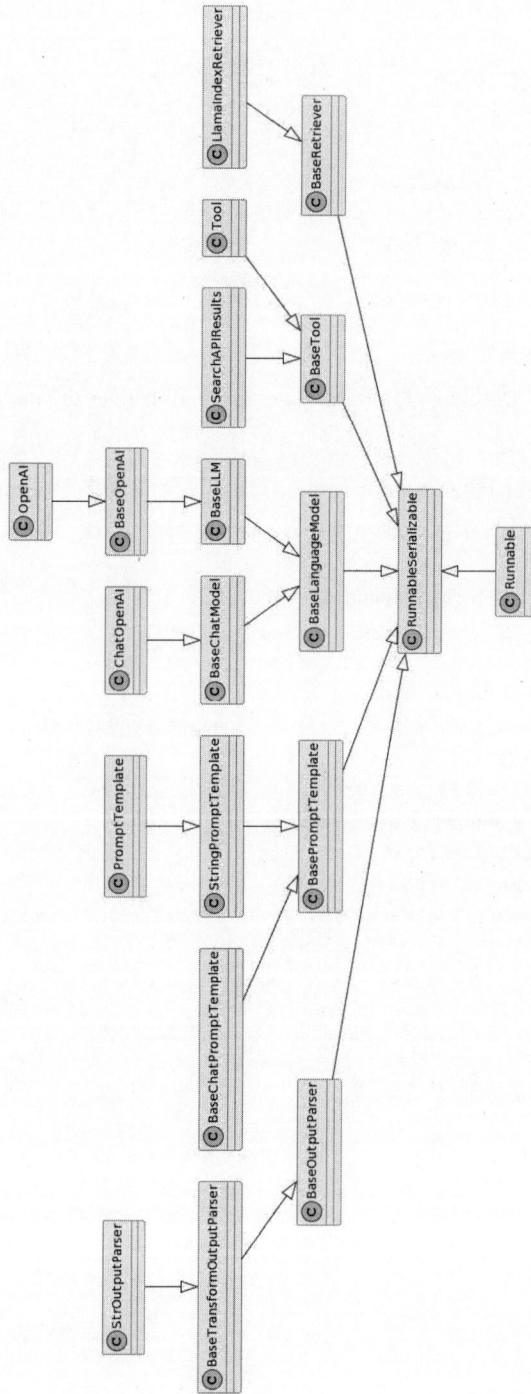

图 4-1 不同组件与 Runnable 对象之间的继承关系

下面我们将围绕这些关键组件对 Runnable 对象进行深入了解。

4.3.1　schema 属性

在 LangChain 中，所有实现 Runnable 对象的组件都需要接收特定格式的输入，用 input_schema 属性来表示。为了帮助开发者了解每个组件所需的具体输入格式，LangChain 提供了一种动态生成的 Pydantic 模型，这个模型描述了输入数据的结构，包括所需字段及其类型。使用 Pydantic 模型的 .model_json_schema 方法会返回一个 JSON Schema 的表示形式。这里以 Prompt 组件为例：

```python
from langchain_core.prompts import PromptTemplate
from langchain_core.output_parsers import StrOutputParser
from langchain_deepseek import ChatDeepSeek


def test():
    # 创建一个 PromptTemplate 实例，用于生成提示词
    # 这里的模板是为生产特定产品的公司取名
    prompt = PromptTemplate.from_template(
        "给生产 {product} 的公司取一个名字。"
    )

    # 创建 Runnable 序列，包括上述提示词模板、聊天模型和字符串输出解析器
    # 这条链首先生成提示，然后通过 DeepSeek 聊天模型进行处理，最后通过 StrOutputParser 转换成字符串
    runnable = prompt | ChatDeepSeek(model="deepseek-chat") | StrOutputParser()

    # 打印输入模式的 JSON Schema
    print(runnable.input_schema.model_json_schema())

    # 打印输出模式的 JSON Schema。这说明了 Runnable 执行后的输出数据结构
    print(runnable.output_schema.model_json_schema())
```

输入内容为一个 PromptInput 对象，属性为 product，类型为字符串：

```
{
    'title': 'PromptInput',
    'type': 'object',
    'properties': {
        'product': {
            'title': 'Product',
            'type': 'string'
```

```
        }
    }
}
```

输出内容格式化过程（内容格式用 output_schema 属性表示）和输入同理。下面为一个 StrOutputParserOutput 对象，输出结果类型是字符串：

```
{'title': 'StrOutputParserOutput', 'type': 'string'}
```

4.3.2　invoke 方法

LangChain 的 invoke 接口是一个核心功能，它提供了一个标准化的方法，用于与不同的语言模型进行交互。这个接口的主要作用是向语言模型发送输入（问题或命令），并获取模型的响应（回答或输出）。

在具体的使用场景中，你可以通过 invoke 方法向模型提出具体的问题或请求，该方法将返回模型生成的回答。这个接口的统一性使得 LangChain 能够以一致的方式访问不同的语言模型，无论它们背后的具体实现如何。示例代码如下：

```
from langchain_community.llms.tongyi import Tongyi
# 初始化一个语言模型实例
model = Tongyi()
# 使用 invoke 方法向模型发送问题
response = model.invoke("什么是机器学习？")
# 打印出模型的回答
print(response)
```

ainvoke 方法是异步版本的 invoke，它利用 asyncio 库中的 run_in_executor 方法在一个单独的线程中运行 invoke 方法，以实现非阻塞调用。这种方法常用于将传统的同步代码（阻塞调用）转换为异步调用，从而提高程序的响应性和并发性能。这种实现方式适用于 LangChain 中的多个组件，比如，在 Tool 类中，ainvoke 作为默认实现，支持异步代码的使用，它通过在一个线程中调用 invoke 方法，使得函数可以在工具被调用时运行。以下是 invoke 方法的声明：

```
async def ainvoke(
        self, input: Input, config: Optional[RunnableConfig] = None, **kwargs: Any
    ) -> Output:
        return await run_in_executor(config, self.invoke, input, config, **kwargs)
```

实际上调用的是 run_in_executor，继续看其实现：

```
async def run_in_executor(
    executor_or_config: Optional[Union[Executor, RunnableConfig]],
    func: Callable[P, T],
    *args: P.args,
    **kwargs: P.kwargs,
) -> T:
...
# 定义一个异步包装器函数 wrapper，它将返回一个类型为 T 的值
def wrapper() -> T:
try:
return func(*args, **kwargs)
except StopIteration as exc:
raise RuntimeError from exc
# 检查 executor_or_config 参数是否为 None 或者一个字典，如果是，表示没有提供特定的执行器或配置，将使
用默认的执行器
if executor_or_config is None or isinstance(executor_or_config, dict)::
```

在这种情况下，代码执行以下操作：使用 asyncio.get_running_loop() 获取当前正在运行的事件循环。

调用事件循环的 run_in_executor 方法，将 None 作为第一个参数，表示使用默认的执行器（通常是线程池）。使用 partial 函数将 wrapper 函数和 copy_context().run 方法组合起来，创建一个新的可调用对象。copy_context().run 方法用于复制当前任务的上下文并运行 wrapper 函数。使用 cast 函数将组合后的可调用对象转换为返回类型为 T 的函数。

```
return await asyncio.get_running_loop().run_in_executor(
        None,
        cast(Callable[..., T], partial(copy_context().run, wrapper)),
    )
```

如果 executor_or_config 是一个执行器对象（而不是 None 或字典），代码执行以下操作：直接使用提供的 executor_or_config 执行器。将 wrapper 函数作为第二个参数传递给 run_in_executor 方法。

```
return await asyncio.get_running_loop().run_in_executor(executor_or_config, wrapper)
```

4.3.3　stream 方法

　　LangChain 的 stream 接口是一种流式处理方式，它可以实时处理和返回数据，而不需要等待所有数据处理完毕，这在处理大量数据或需要实时反馈的场景中非常有用。

```python
from langchain_deepseek import ChatDeepSeek
from langchain_core.prompts import PromptTemplate


def test():
    # 初始化 DeepSeek 模型实例
    # 这个模型用于处理聊天或对话类的语言生成任务
    model = ChatDeepSeek(model="deepseek-chat")

    # 创建一个 PromptTemplate 实例
    # 这里的模板用于生成一个故事，其中故事类型由变量 {story_type} 决定
    prompt = PromptTemplate.from_template(
        "讲一个 {story_type} 的故事。"
    )

    # 创建一条处理链（Runnable），包含上述提示词模板和 DeepSeek 聊天模型
    # 这条链将使用 PromptTemplate 生成提示词，然后通过 DeepSeek 模型进行处理
    runnable = prompt | model

    # 使用流式处理生成故事
    # 这里传入的 story_type 为 "悲伤"，模型将根据这个类型生成一个悲伤的故事
    # 这个方法返回一个迭代器，可以逐步获取模型生成的每个部分
    for s in runnable.stream({"story_type": "悲伤"}):
        # 打印每个生成的部分，end="" 确保输出连续，无额外换行
        print(s.content, end="", flush=True)
```

　　像上面这种场景，用户期望的输出内容是篇幅较长的故事，为了不让用户等待太久，就可以利用 stream 接口实时输出。

　　astream 方法是异步版本的 stream，astream 的默认实现调用了 ainvoke，以下是其方法声明：

```python
async def astream(
        self,
        input: Input,
        config: Optional[RunnableConfig] = None,
        **kwargs: Optional[Any],
) -> AsyncIterator[Output]:
```

```
# 使用 await 关键字调用 ainvoke 方法
# ainvoke 是一个异步方法，它接收相同的输入和配置参数，并返回一个输出
# **kwargs 是一个关键字参数字典，它将所有额外的参数传递给 ainvoke
yield await self.ainvoke(input, config, **kwargs)
```

astream 函数是一个异步生成器（AsyncGenerator），它使用 yield 语句产生从 ainvoke 方法返回的结果。这种设计模式使得函数能够以流的形式逐步产生输出，而不是一次性返回所有结果。这对于处理需要逐步获取结果的长时间运行的任务特别有用。例如，在处理大模型生成的文本时，可以逐字获取输出，而不必等待整个文本生成完毕。

4.3.4 batch 方法

LangChain 的 batch 方法用于处理多个输入（批处理）。它首先检查输入是否存在，如果不存在，则直接返回空列表；接着根据输入数量创建一个配置列表；然后定义一个局部函数 invoke，用于处理单个输入；最后使用一个执行器（executor）来并行处理多个输入，提高处理效率。如果只有一个输入，则直接调用 invoke 方法处理。这种批处理方式在处理大量请求时特别有效，可以显著提高性能。

```python
def batch(
    self,
    inputs: List[Input],
    config: Optional[Union[RunnableConfig, List[RunnableConfig]]] = None,
    *,
    return_exceptions: bool = False,
    **kwargs: Optional[Any],
) -> List[Output]:
    """
    默认的批处理实现，它会调用 invoke 方法 N 次。
    如果子类能够更高效地实现批处理，应该重写此方法。
    """
    if not inputs:
        return []  # 如果没有输入，返回空列表

    # 获取配置列表，用于每个输入
    configs = get_config_list(config, len(inputs))

    def invoke(input: Input, config: RunnableConfig) -> Union[Output, Exception]:
        # 如果需要返回异常，则尝试调用 invoke 并捕获异常
        if return_exceptions:
```

```
        try:
            return self.invoke(input, config, **kwargs)
        except Exception as e:
            return e
    else:
        # 正常调用 invoke 方法
        return self.invoke(input, config, **kwargs)

# 如果只有一个输入，则无须使用执行器
if len(inputs) == 1:
    return cast(list[Output], [invoke(inputs[0], configs[0])])

# 使用执行器并行处理多个输入
with get_executor_for_config(configs[0]) as executor:
    # 使用 executor.map 并行调用 invoke 方法
    # 将 inputs 和 configs 传递给 invoke
    # 返回执行结果列表
    return cast(list[Output], list(executor.map(invoke, inputs, configs)))
```

abatch 方法是 batch 方法的异步版本，它同样处理多个输入，但所有的调用都是异步的，使用 gather_with_concurrency 函数并发执行所有的异步调用，并等待它们全部完成。

4.3.5　astream_log 方法

astream_log 是一个异步方法，它不仅支持执行流式处理，而且记录了执行过程中的每一步变化。它使用 LogStreamCallbackHandler 来创建一个日志流，可以根据指定的条件包含或排除特定类型的日志。这个方法通过异步地迭代流式输出，生成日志对象（RunLogPatch）或者状态对象（RunLog），这对于跟踪和分析 Runnable 组件的行为非常有用。下面是关键代码及说明：

```
async def astream_log(
    ...
    # 各种包含和排除条件
    include_names: Optional[Sequence[str]] = None,
    include_types: Optional[Sequence[str]] = None,
    include_tags: Optional[Sequence[str]] = None,
    exclude_names: Optional[Sequence[str]] = None,
    exclude_types: Optional[Sequence[str]] = None,
    exclude_tags: Optional[Sequence[str]] = None,
    **kwargs: Optional[Any],
) -> Union[AsyncIterator[RunLogPatch], AsyncIterator[RunLog]]:
    """
```

```
实现一个异步流式日志记录功能
"""

# 创建一个日志流处理器，用于处理日志
stream = LogStreamCallbackHandler(
    # 各种参数设置
    auto_close=False,
    include_names=include_names,
    ...
)

# 设置回调
config = config or {}
callbacks = config.get("callbacks")
if callbacks is None:
    config["callbacks"] = [stream]
...
else:
    # 处理异常情况
    raise ValueError("Unexpected type for callbacks")

# 异步获取流式输出，并将其发送到日志流
async def consume_astream() -> None:
    ...

# 在任务中启动流式处理
task = asyncio.create_task(consume_astream())

try:
    # 从输出流中生成每一块
    if diff:
        async for log in stream:
            yield log
    else:
        state = RunLog(state=None)
        async for log in stream:
            state = state + log
            yield state
finally:
    # 等待任务完成
    try:
        await task
    except asyncio.CancelledError:
        pass
```

4.3.6 astream_events 方法

astream_events 是一个异步方法，返回一个 AsyncIterator[StreamEvent]，即一个异步迭代器，用于遍历 StreamEvent 对象，生成事件流，提供关于 Runnable 执行进度的实时信息，包括中间结果。

```python
async def astream_events(
    self,
    input: Any,
    config: Optional[RunnableConfig] = None,
    *,
    version: Literal["v1", "v2"],
    ...
) -> AsyncIterator[StreamEvent]:
```

下面的代码定义了 StreamEvent 对象的结构，既可以是内置的标准结构 StandardStreamEvent 对象，也支持自定义结构 CustomStreamEvent 对象，不过自定义结构的事件类型只能为 on_custom_event。

```python
StreamEvent = Union[StandardStreamEvent, CustomStreamEvent]
...

class BaseStreamEvent(TypedDict):
    event: str
    run_id: str
    tags: NotRequired[list[str]]
    metadata: NotRequired[dict[str, Any]]
    parent_ids: Sequence[str]

class StandardStreamEvent(BaseStreamEvent):
    data: EventData
    name: str

class CustomStreamEvent(BaseStreamEvent):
    event: Literal[ "on_custom_event" ]
    name: str
    data: Any

class EventData(TypedDict, total=False):
    input: Any
    output: Any
    chunk: Any
```

StreamEvent 对象包含以下字段。

❑ event 表示事件类型，格式为 on_[runnable_type]_(start|stream|end)。
❑ name 是生成事件的 Runnable 的名称。
❑ run_id 是与发出事件的 Runnable 实例相关联的随机 ID。
❑ parent_ids 是父 Runnable 的 ID 列表。
❑ data 包含事件相关数据，EventData 定义了标准流事件中 data 字段的结构，它可以包含 input（输入）、output（输出）和 chunk（数据块），使用 total=False 表示所有字段都是可选的。
❑ tags 是可选的字符串列表，表示 Runnable 事件的标签。
❑ metadata 是可选的字典，表示 Runnable 事件的元数据。

StreamEvent 内置了多种类型的事件，如 on_chat_model_start、on_llm_stream、on_chain_end 等，涵盖了不同类型 Runnable 的各个执行阶段。表 4-1 展示了各种标准事件类型，包括与模型、链、工具、检索器和提示词相关的事件，每种事件都有特定的结构，并且包含不同的信息。

表 4-1 各种标准事件类型

事件类型	Runnable 名称	数据块	输　入	输　出
on_chat_model_start	[model name]		{"messages": [[SystemMessage, HumanMessage]]}	
on_chat_model_stream	[model name]	AIMessageChunk(content=" 你好 ")		
on_chat_model_end	[model name]		{"messages": [[SystemMessage, HumanMessage]]}	AIMessageChunk(content= " 你好，世界 ")
on_llm_start	[model name]		{'input': ' 你好 '}	
on_llm_stream	[model name]	' 你好 '		
on_llm_end	[model name]		' 你好，人类！'	
on_chain_start	format_docs			
on_chain_stream	format_docs	" 你好世界！再见世界！"		
on_chain_end	format_docs		[Document(...)]	" 你好世界！再见世界！"
on_tool_start	some_tool		{"x": 1, "y": "2"}	

（续）

事件类型	Runnable 名称	数据块	输　　入	输　　出
on_tool_end	some_tool			{"x": 1, "y": "2"}
on_retriever_start	[retriever name]		{"query": " 你好 "}	
on_retriever_end	[retriever name]		{"query": " 你好 "}	[Document(...), ..]
on_prompt_start	[template_name]		{"question": " 你好 "}	
on_prompt_end	[template_name]		{"question": " 你好 "}	ChatPromptValue(messages: [SystemMessage, ...])

astream_events 方法特别适用于需要实时监控和响应 Runnable 对象执行过程的场景，如进度追踪、调试或创建响应式用户界面。

需要特别注意一下 astream_log 和 astream_events 的区别。astream_log 适用于需要详细日志记录的场景，由于日志格式详细，可能需要额外的逻辑来解析和处理这些日志。astream_events 适用于需要实时监控和反馈的应用场景，例如在用户界面中显示进度更新，它比 astream_log 更加简洁和易于处理。

4.4 LCEL 高级特性

LangChain 表达式语言（LCEL）的重要性不言而喻，这一节将对它的高级特性进行详细拆解。

4.4.1 ConfigurableField

LCEL 提供了为各种组件设置配置项的功能，这些配置可以是简单的数值或字符串，也可以是更复杂的结构，如字典或自定义对象。配置项的使用使每个组件能够根据特定需求和参数运行，从而增强了灵活性和定制性。这种功能主要应用于以下几个方面。首先，当参数化组件行为时，如果一个组件需要根据不同情况改变其行为，ConfigurableField 可以传递相应的参数，使得同一组件在不同环境或条件下以不同方式运行。其次，为了增强处理链的灵活性和可扩展性，你可能希望某些组件的行为是可配置的，以适应不同的数据输入或用户需求，ConfigurableField 恰恰为此提供了支持。最后，在进行资源密集型操作时，可以通过调整 ConfigurableField 中的性能相关参数，如内存使用量、并发级别等，在不牺牲功能的前提下优化性能。

4.4.2　RunnableLambda

RunnableLambda 是 LCEL 中的一个抽象概念，用于将普通函数转换为与 LCEL 组件兼容的函数。

```
from langchain_core.runnables import RunnableLambda
def add(x):
    return x + x
def multiply(x):
    return x * 2
add_runnable = RunnableLambda(add)
multiply_runnable = RunnableLambda(multiply)
chain = add_runnable | multiply_runnable
# 输出 12
print(chain.invoke(3))
# 输出 16
print(chain.invoke(4))
```

上面的代码示例设计了 add 和 multiply 函数来进行试验，这意味着通过使用 RunnableLambda，能够轻松地将普通的 Python 函数集成到 LangChain 的处理链中。

4.4.3　RunnableBranch

RunnableBranch 是一种重要的路由机制，它用于决定在处理链的哪个环节执行哪个特定组件。这种机制允许根据输入数据或运行时状态动态选择不同的执行路径。例如，一条处理链可能会根据用户输入的不同，调用不同的语言模型或执行不同的数据处理步骤。这种机制主要适用于以下几个场景。首先，它可以实现自定义处理逻辑，在处理链中根据特定逻辑或条件，通过 RunnableBranch 分支出不同的执行路径。其次，在需要根据用户输入或上下文动态生成内容的应用中，RunnableBranch 可以选择不同的内容生成策略。最后，RunnableBranch 还能通过为用户提供定制化的响应或内容来提升用户体验，根据用户的需求和行为动态调整处理链的行为，从而生成更加个性化的结果。

图 4-2 比较直观地展示了 RunnableBranch 的工作机制。输入流向一个决策节点 RunnableBranch，基于不同的用户输入或运行时状态，RunnableBranch 将决定流程向哪个方向继续。大模型 A 和大模型 B 以及数据处理步骤 X 和数据处理步骤 Y 表示了根据输入和状态分支出的不同路径，内容生成策略和定制化内容响应表示进一步的处理。

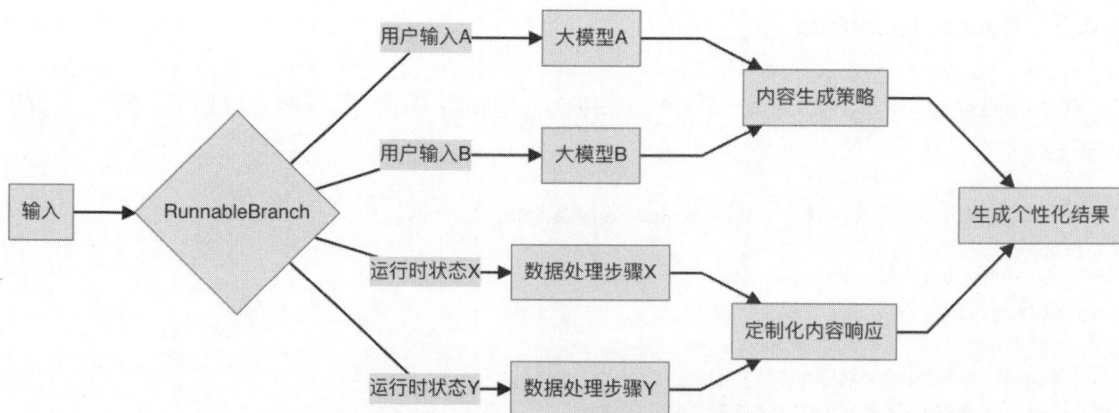

图 4-2 RunnableBranch 的工作机制

4.4.4 RunnablePassthrough

LCEL 的绑定功能允许用户在链条的特定步骤或整条链中绑定变量或值，这大大简化了在链条各个步骤之间的数据传递和共享。这种绑定机制在多种场景中非常实用。例如，在数据传递与转换场景中，可以使用 RunnablePassthrough 作为中继站，确保数据在传递过程中不发生改变。在构建复杂处理链时，RunnablePassthrough 可以充当占位符，这样可以在不影响整体链结构的情况下，之后再决定如何填充该步骤。此外，在开发和调试复杂链条时，若需要暂时跳过某个步骤以更好地理解其他部分，RunnablePassthrough 可以用来临时替换该步骤，无须更改其他代码。最后，RunnablePassthrough 还可以在条件执行的场景中发挥作用，根据特定条件动态决定是让数据直接通过还是执行某些特定操作。

4.4.5 RunnableParallel

RunnableParallel 是一种在 LangChain 中将单一输入应用于多个操作的机制，能够同时并行执行这些操作。与传统的顺序执行相比，这种并行执行方式的处理效率显著提升，特别是在处理大量数据或任务时。这种机制在几种场景下尤为适用。首先，在大规模数据处理场景中，如需要对大批量文本或查询执行相同的操作时，并行执行能够显著加快处理速度。其次，在用户交互密集的应用中，例如在聊天机器人或在线问答系统中，采用并行执行可以提升系统对多个用户请求的响应速度。最后，对于那些需要多步骤处理的复杂任务，可以将它们分解成多个子任务并进行并行执行，这样可以大幅缩短整体的处理时间。

下面是一个 RunnableParallel 和 RunnablePassthrough 结合使用的例子。问题 1 的输入经过 RunnableParallel 触发两个操作，其中一个操作用于检索与问题 1 相关的上下文，一个操作用于和 RunnablePassthrough 传入的值组合出新的问题 2。整个流程如图 4-3 所示。

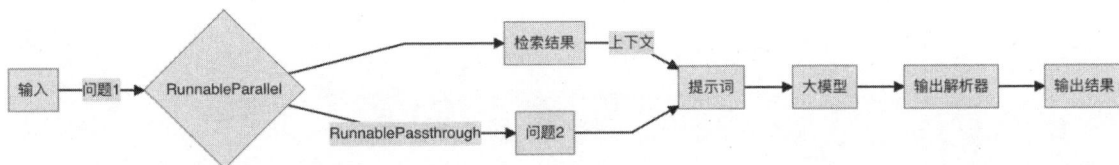

图 4-3 RunnableParallel 和 RunnablePassthrough 结合使用示例

4.4.6 容错机制

with_fallbacks 是 LCEL 中的一种错误处理机制，旨在应对处理链中某个环节的故障。当链中的某个组件（如语言模型、数据检索器或其他可执行组件）无法成功完成其任务时，with_fallbacks 允许链条选择另一条路径继续执行，确保整条链的运行不会因为单个组件的故障而中断。这种机制在多个场景中非常有用。首先，对于生产环境中的应用，确保连续稳定运行至关重要，而通过配置 with_fallbacks，可以在原始组件遇到问题时迅速切换到备用方案，从而增强应用的整体可靠性和稳定性。其次，当处理不确定性或动态变化的数据时，原有的处理逻辑可能无法提供有效结果，而 with_fallbacks 可以在这种不确定的条件下提供一种安全网，确保即使最初的策略失败，也能有其他方案可尝试。以下面的代码为例，llm 对象会在 deepseek_llm 调用失败的时候自动选择 ali_llm。

```
deepseek_llm = ChatDeepSeek(model="deepseek-chat", request_timeout=10)
ali_llm = ChatTongyi(max_retries=0)
llm = ali_llm.with_fallbacks([deepseek_llm])
try:
    print(llm.invoke("鲁迅和周树人是同一个人吗？"))
except LangChainException:
    print("执行失败")
try:
    print(ali_llm.invoke("鲁迅和周树人是同一个人吗？"))
except LangChainException:
print("deepseek_llm执行成功")
```

第 5 章

RAG 介绍

大模型对这个世界有着丰富的认知，但并非无所不知。由于训练大模型需要很长时间，因此训练使用的数据在训练的过程中可能会过时。另外，虽然大模型了解互联网上可获得的通用事实，但并不了解你的专有数据，而这往往是构建基于 AI 的应用所需要的数据。因此无论是在学术界还是在工业界，使用专有数据源的信息来辅助大模型生成内容都是一个重要的研究领域。

在大模型出现之前，人们通常会使用简单的微调（fine-tuning）来扩展模型使用新数据。然而，当前模型变得更庞大，并且使用了更多的训练数据时，微调只适用于少数几种情况，比如需要以指定的风格或语气进行交流。一个显著的例子是 OpenAI 将老版本补全模型 GPT-3.5 改进为新的聊天模型 ChatGPT，微调效果出色。但是微调并不是性价比最高的选择，因为微调大模型依赖大量的高质量数据，而且需要耗费巨大的计算资源，同时也需要投入大量的时间，这些对于大多数个人和企业用户来说都是极为宝贵且稀缺的。

5.1 RAG 技术概述

本章将详细介绍 RAG 技术，这种技术基于提示词，最早由 Facebook[①] AI 研究机构（FAIR）与其合作者于 2021 年发布的论文 "Retrieval-Augmented Generation for Knowledge-Intensive NLP Tasks" 中提出。RAG 的作用是帮助模型查找外部信息以改善其响应。RAG 技术十分强大，已经被必应搜索、百度搜索以及其他大公司的产品所采用，旨在将最新的数据融入其模型。在没有大量新数据、预算有限或时间紧张的情况下，这种方法也能取得不错的效果，而且它的原理足够简单。RAG 结合了检索（从大型文档系统中获取相关文档片段）和生成（模型使用这些片段中的信息生成答案）两部分，主要在以下三个方面弥补了大模型的缺陷。

---

① Facebook 现已更名为 Meta。——编者注

❑ **知识更新**：大型预训练语言模型在训练数据停止更新后，其知识也会停止更新。RAG 通过在生成过程中实时检索最新的文档或信息，来提供更加准确和时效性更强的回答。

❑ **引用外部数据**：传统的生成模型仅能依赖其训练数据中的知识。RAG 通过检索外部数据源，能够引用模型训练数据之外的信息。

❑ **提高准确性**：在模型生成回答时，RAG 技术能够利用检索到的文档来提高回答的准确性。

RAG 技术的具体实现方式可能有所变化，但在概念层面，将其融入应用通常包括以下几个步骤，如图 5-1 所示。

(1) 用户提交一个问题。

(2) RAG 系统搜索可能回答这个问题的相关文档。这些文档通常包含了专有数据，并被存储在某种形式的文档索引里。

(3) RAG 系统构建一个提示词，它结合了用户输入、相关文档以及对大模型的提示，引导大模型使用相关文档来回答用户的问题。

(4) RAG 系统将这个提示词发送给大模型。

(5) 大模型基于提供的上下文返回对用户问题的回答，这就是系统的输出结果。

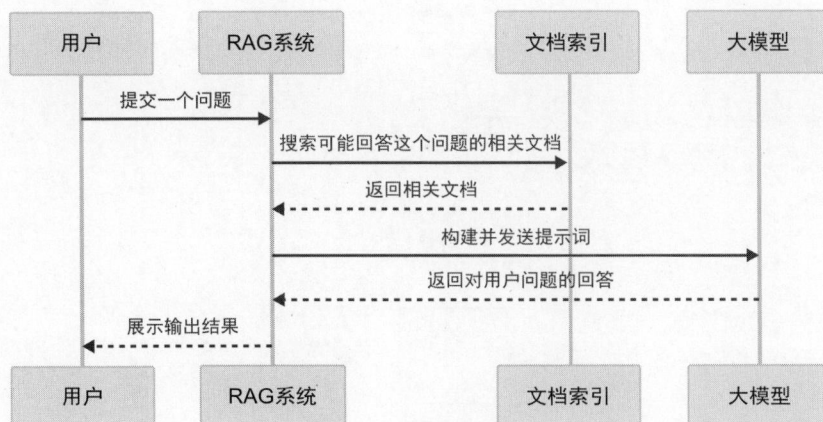

图 5-1　RAG 应用时序图

在实际的生产环境中，通常会面对来自多种渠道的数据，其中很大一部分是复杂的非结构化数据，处理这些数据，特别是提取和预处理，往往是最耗费精力的任务之一。社区开发者们意识到了这个挑战，于是 LangChain 提供了专门的文档加载和分割模块。RAG 技术的每个阶段都在 LangChain 中得到完整的实现。接下来，我们一起深入探索 LangChain 中的 RAG 组件，看看用它如何实现一个典型的知识问答应用，如图 5-2 所示。

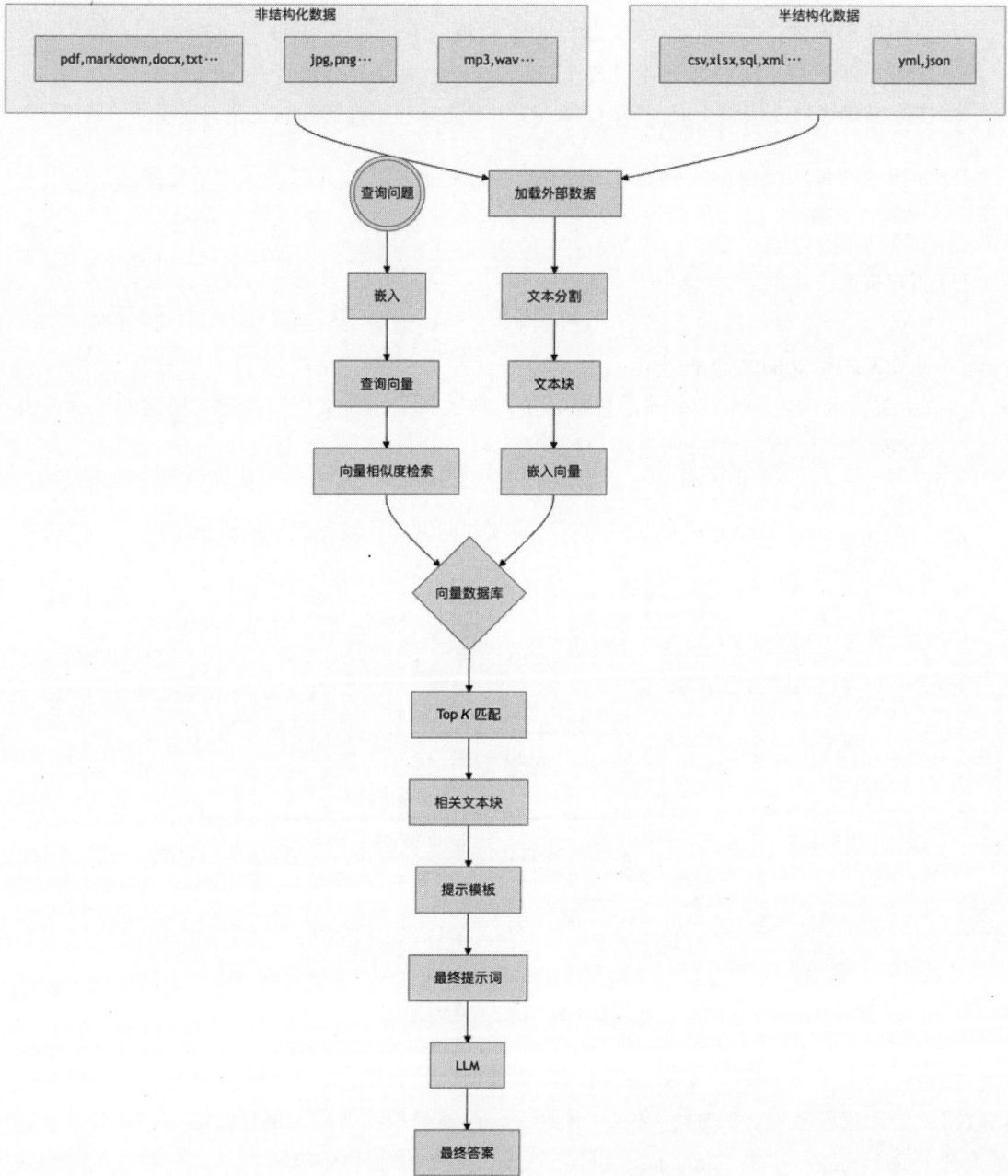

图 5-2　知识问答应用涉及的流程

5.2 LangChain 中的 RAG 组件

LangChain 中的 RAG 实现隐藏了一定的复杂性，总体上是由下面这些组件相互配合完成整体功能的。

- ❑ **文档加载组件**：用于数据提取环节，解析不同格式的外部数据，如 PDF 文件、网页、Word 文件等。
- ❑ **文档分割组件**：用于数据提取环节，将原始数据分割为较小的文本块。
- ❑ **文档嵌入模型**：用于嵌入环节，将较小的文本块转换为向量。
- ❑ **索引**：用于创建索引环节，为了加快查询速度，使用向量索引来存储向量数据。
- ❑ **检索器**：用于检索环节，根据一个非结构化的查询返回匹配的文档。
- ❑ **LLM 归纳生成**：大模型将问题和检索到的文档合并以生成答案。

5.2.1 文档加载组件

在 LangChain 中，文档加载组件（loader）扮演着重要角色。这些组件专门用于从多样化的数据源（如数据库、API 或文件系统）加载和处理数据。文档加载组件的主要任务是读取数据，并将其转换为适合模型处理的格式。例如，在基于文本的机器学习模型中，文档加载组件可以从文本文件中提取数据，进行必要的清洗和预处理（如去除无关字符或进行分词），再转换成模型可以解析的形式。

LangChain 中的文档加载组件功能丰富，针对不同类型的数据格式提供了相应的处理逻辑。例如，`PyMuPDFLoader` 用于提取 PDF 文件，`UnstructuredMarkdownLoader` 用于处理 Markdown 文件，`UnstructuredWordDocumentLoader` 用于解析 Word 文档，`UnstructuredURLLoader` 用于提取网页内容。这些组件的核心目标是提供一种高效且自动化的方式，以便数据处理和模型训练环节顺利进行。在 `langchain_community` 包的 `document_loaders` 路径下，可以找到其支持的所有文档加载组件类型，进一步了解它们的具体应用和功能。

```
    ...
"TextLoader",   # 常规文本加载
"TomlLoader",   # TOML 格式内容加载
"TrelloLoader",  # Trello 软件内容加载
"UnstructuredCSVLoader",  # CSV 格式内容加载
"UnstructuredEPubLoader",  # EPUB 格式内容加载
```

```
"UnstructuredExcelLoader", # Excel 格式内容加载
"UnstructuredHTMLLoader",  # HTML 格式内容加载
"UnstructuredImageLoader", # 图像格式内容加载
"UnstructuredMarkdownLoader", # Markdown 格式内容加载
"UnstructuredPDFLoader",     # PDF 格式内容加载
"UnstructuredPowerPointLoader", # PPT 格式内容加载
"UnstructuredXMLLoader", # XML 格式内容加载
...
```

下面以提取网页内容的 UnstructuredURLLoader 为例说明提取的重要元数据:

```
from langchain_community.document_loaders import UnstructuredURLLoader
def test():
    # 使用 UnstructuredURLLoader 从远程 URL 中加载文件
    # elements 模式,表示非结构化库将文档拆分为标题和叙述文本等元素
    loader = UnstructuredURLLoader(
        urls=["https://www.ptpress.com.cn"], mode="elements", strategy="fast",
    )
    docs = loader.load()
    print(docs)
```

返回的元数据结果中包含文件类型 filetype、关联链接 link_urls、链接文本 link_texts 等。根据文件格式的不同,提取的关键元数据也不一样,比如从 PDF 文件中提取文件名、时间、章节标题等信息。这么强大的解析功能,得益于 load 方法的实现,提供了灵活的可扩展性。

```
[Document(metadata={'image_url': '/static/interface/img/logo.png?123', 'link_texts': ['人
民邮电出版社有限公司'], 'link_urls': ['/'], 'languages': ['nor', 'eng', 'vie'], 'filetype':
'text/html', 'url': 'https://www.ptpress.com.cn/', 'category': 'Image'}, page_content='人
民邮电出版社有限公司'), Document(metadata={'image_url': '/static/interface/img/search.png',
'languages': ['nor', 'eng', 'vie'], 'filetype': 'text/html', 'url': 'https://www.ptpress.
com.cn/', 'category': 'Image'}, page_content='搜索')
```

5.2.2　文档分割组件

在 LangChain 中,文档分割组件(splitter)是一个专门用于处理长文本的组件。在自然语言处理和机器学习领域,直接处理大型文档非常复杂且耗费计算资源,而文档分割组件可以将长文本划分为更小、更易于处理的单元。文档分割组件的主要功能如下。

❑ **句子拆分**:将文本拆分成独立的句子。这对于句子级别的任务(例如情感分析或句子分类)至关重要。

❑ **段落拆分**：按段落分割文本，这在处理长篇文章或需要理解文本结构的任务中特别有效。

❑ **分页处理**：在处理诸如图书或报告等长文档时，文档分割组件能够按页面或章节进行分割。

1. 固定大小的分块方式

在 LangChain 中，固定大小分块是一种常用且直接的文本处理方法。这种方法通常根据嵌入模型的特点，选择 256 或 512 个 token 作为分块的大小。为了保持文本的语义连贯性，分块之间通常会有一定的重叠区域，这样做可以防止重要的语义信息在分块过程中丢失。例如，句子"我们明天晚上应该去踢场球"可能被分成两个部分："我们明天晚上应该"和"去踢场球"，这在进行文本检索时可能导致信息不完整。为了解决这个问题，可以在每个分块中增加一定的冗余内容，比如在 512 个 token 的分块中实际只保存 480 个 token，同时保留相邻分块的一部分内容。

与其他类型的文本分块方法相比，固定大小分块具有计算成本低、简单易用的优势，而且不需要依赖其他自然语言处理库。这使得它成为处理大量文本时的理想选择。以下示例展示了如何在 LangChain 中执行固定大小的文本分块：

```
text = "..." # 你的文本
from langchain_text_splitters import CharacterTextSplitter
# 将文本拆分为固定大小为 512 个 token 的字符块，重叠部分为 32 个 token
text_splitter = CharacterTextSplitter(
    chunk_size = 512,
    chunk_overlap  = 32
)
docs = text_splitter.split_text(text)
```

2. 基于意图的分块方式

在 LangChain 中，针对嵌入模型的优化通常在句子级别进行。因此，推荐使用句子分割技术来实现文本的分块处理。虽有多种方法和工具可用于句子分割，但它们各有优缺点。最简单的方法是利用句号和换行符进行分割。这种方法速度快，适用于格式规整的文本，但可能无法有效处理所有的边界情况。例如，它可能无法正确分割带有缩写、引号或特殊标点符号的句子。

更为专业的做法是使用自然语言处理工具包（如 NLTK 或 spaCy）进行句子分割。这些工具包能够更准确地识别句子边界，即使在复杂的文本结构中也能有效工作。例如，spaCy 提供了强大的句子分割功能，能够处理缩写、直接引语和复合句结构等复杂情况。

使用专业的自然语言处理工具进行句子分割虽然结果更为精确，但计算成本和复杂性也更高。因此，在选择适合的句子分割方法时，需要根据具体的应用场景和数据特性做出权衡。

- **句子分块**

```
text = "..." # 你的文本
from langchain_text_splitters import CharacterTextSplitter
# 使用换行符来切分
text_splitter = CharacterTextSplitter(separator = "\n")
docs = text_splitter.split_text(text)
```

- **NLTK**

NLTK 是一个流行的用于处理自然语言数据的 Python 库。它提供了一个句子分词器，可以将文本分割为句子，创建更有意义的分块。

```
text = "..." # 你的文本
from langchain_text_splitters import NLTKTextSplitter
# NLTK 的句子分词器在后台将文本分割成句子
text_splitter = NLTKTextSplitter()
docs = text_splitter.split_text(text)
```

- **spaCy**

spaCy 是一个功能强大的用于自然语言处理任务的 Python 库。它提供了一种先进的句子分割功能，可以高效地将文本分割成独立的句子，生成的片段更好地保留了上下文。要在 LangChain 中使用 spaCy，可以执行以下操作：

```
text = "..." # 你的文本
from langchain_text_splitters import SpacyTextSplitter
# SpacyTextSplitter 使用 spaCy 模型将文本分割成句子，利用 spaCy 内置的句子分割功能
text_splitter = SpacyTextSplitter()
docs = text_splitter.split_text(text)
```

3. 递归分块

在 LangChain 中，递归分块是一种高级文本处理技术，通过一组分隔符，以分层和迭代的方式将输入文本分割成更小、更易于管理的块。这个过程的核心是，如果一次切分没有达到预

期的块大小或结构，会递归地使用不同的分隔符或判定标准对结果进行再次切分。这样，虽然每个块的大小不完全一致，但系统会尽可能保持它们之间的相似性。假设有一篇长文章，我们首先尝试按照段落进行分割，如果某个段落过长，超过了我们设定的最大块大小限制，递归分块过程将在该段落内部寻找合适的次级分隔符，如句子或短语边界，来进一步切分这个段落。这种方法特别适合处理那些结构复杂或长度不一的文本，如学术论文、长篇报告等。代码示例如下：

```
text = "..." # 你的文本
from langchain_text_splitters import RecursiveCharacterTextSplitter
# RecursiveCharacterTextSplitter 尝试按照一系列分隔符的顺序递归地切分文本，直到块足够小
text_splitter = RecursiveCharacterTextSplitter(
    chunk_size = 256,
    chunk_overlap  = 20
)
# 这将返回一系列大小接近（但不完全相同）的文本块
docs = text_splitter.create_documents([text])
```

4. 特殊文档分块

对于特定格式的文本（如 Markdown 和 LaTeX），LangChain 提供了专门的分块方法，以保留内容的原始结构和格式。这些分块方法针对文本的结构化特征进行优化，从而更有效地管理和处理数据。

❑ Markdown 分块：Markdown 是一种轻量级标记语言，在 LangChain 中，可以通过识别 Markdown 文本的语法元素（如标题、列表和代码块）对其进行智能分块。这样的分块方法不仅保留了原始文档的结构，还增强了文本块之间的语义连贯性。例如，一个长的 Markdown 文档可以根据其标题层次分割成多个部分，每个部分包含一个主要章节或子章节。

```
from langchain_text_splitters import MarkdownTextSplitter
# 假设 markdown_text 是要处理的 Markdown 格式文本
markdown_text = "..."
# MarkdownTextSplitter 会将指定标题级别之间的内容分割成块
markdown_splitter = MarkdownTextSplitter(chunk_size=100, chunk_overlap=0)
# 这将返回按标题和子标题分割的文本块列表
docs = markdown_splitter.create_documents([markdown_text])
```

❑ **LaTeX 分块**：LaTeX 是一种常用于学术论文和技术文档的文档准备系统和标记语言。该分块方法可以识别和利用 LaTeX 的文档结构，如章节、子章节和公式，按自然段落或章节边界拆分 LaTeX 文档，方便后续的内容分析和处理。

```
from langchain_text_splitters import LatexTextSplitter
latex_text = "..."
# LatexTextSplitter 在拆分时保留了 LaTeX 文档的语义结构
latex_splitter = LatexTextSplitter()
docs = latex_splitter.create_documents([latex_text])
```

5. 影响分块策略的因素

LangChain 提供了众多文本分块方式，挑选恰当的分块策略至关重要。分块策略的选择依赖诸多因素，如下所述。

❑ **索引类型**：这取决于正在处理的文本类型和长度。比如，长篇文档（如文章或图书）和短篇内容（如微博或即时消息）的处理方式是不同的，前者可能需要更复杂的分块策略，而后者可能只需简单的分割。

❑ **嵌入模型类型**：选择适合自己数据类型的嵌入模型也很重要。例如，sentence-transformers 在单个句子的嵌入上效果出色，而像 text-embedding-ada-002 这样的模型则更适合处理包含 256 或 512 个 token 的分块。

❑ **查询文本的长度和复杂度**：理想情况下，分块的大小应与查询文本的长度相似，以确保嵌入的查询内容与嵌入的分块之间有更强的相关性，这对于提高检索效率至关重要。

❑ **应用场景差异**：应用场景，无论是检索、问答还是摘要，会影响分块策略的选择。例如，需要将结果输入另一个具有上下文窗口限制的语言模型中，就必须考虑限制分块的大小。

6. 评估分块的性能

分块策略的选择对于保持上下文的相关性和提高结果的准确性至关重要，但是性能同样不可忽视，因此需要从不同的块大小开始着手，较小的块（例如 128 或 256 个 token）用于捕捉细粒度的语义信息，而较大的块（例如 512 或 1024 个 token）可保留更多的上下文信息。

为了评估不同块大小的效果，可以在真实数据集上进行试验，这包括将数据嵌入多个索引或一个含有多个命名空间的索引中，然后运行一系列查询来评估每个块大小的性能。比较这些结果可以帮助确定最优的块大小，确保搜索结果准确反映用户的查询意图。这是一个迭代的过程，需要反复测试以找到最佳配置。

这种方法可以确保搜索系统不仅高效，而且能够准确捕捉和回应用户的查询需求。

5.2.3 文档嵌入

1. 什么是嵌入

向量是具有方向和长度的量，可以用数学中的坐标来表示。例如，可以用二维坐标系中的向量表示平面上的一个点，用三维坐标系中的向量表示空间中的一个点。在机器学习中，向量通常用于表示数据的特征，而嵌入技术可以将高维的离散数据（如文本）映射到低维的连续向量空间中，并保留数据之间的语义关系，从而方便进行机器学习和深度学习的任务。

例如：

"机器学习"表示为 [1,2,3]

"深度学习"表示为 [2,3,3]

"英雄联盟"表示为 [9,1,3]

使用余弦相似度（一种用于衡量向量之间相似度的指标，可表示词嵌入之间的相似度）来判断文本之间的距离：

"机器学习"与"深度学习"的距离为：

$$\cos\theta_1 = \frac{1\times2+2\times3+3\times3}{\sqrt{1^2+2^2+3^2}\sqrt{2^2+3^2+3^2}} \approx 0.97$$

"机器学习"与"英雄联盟"的距离为：

$$\cos\theta_2 = \frac{1\times9+2\times1+3\times3}{\sqrt{1^2+2^2+3^2}\sqrt{9^2+1^2+3^2}} \approx 0.56$$

"机器学习"与"深度学习"两个文本之间的余弦相似度更高，表示它们在语义上更相似。

将文本、图像、音频和视频等转化为向量矩阵，也就是转变成计算机可以理解的格式。文档嵌入模型的好坏直接影响后面检索的质量，特别是相关度。一般情况下，可以选择的嵌入模型有下面这些。

- BGE：国内的中文嵌入模型，在 Hugging Face 的 MTEB（海量文本 embedding 基准）上排名前二。
- 阿里云的通用文本向量模型：1500+ 维的模型，由阿里云训练。
- text-embedding-ada-002：OpenAI 公司训练的嵌入模型，1536 维，效果非常出色。
- 训练自己的嵌入模型：根据自己领域的专业数据训练一个嵌入模型，可以有效提升性能。

嵌入内容时，对象是短句（如句子）还是长句（如段落或完整的文档）会产生不同的效果。当对句子进行嵌入时，生成的向量会集中于句子的具体含义，这也意味着嵌入可能会丢失段落或文档中更广泛的上下文信息；当对段落或完整的文档进行嵌入时，嵌入过程会考虑整体上下文以及段落中句子和短语之间的关系，这样可以生成更全面的向量表示，从而捕捉文本的更广泛含义，而处理较大的输入文本可能引入噪声，淡化个别句子或短语的重要性，导致在查询索引时更难找到精确的匹配。

查询长度也会影响嵌入之间的关系。较短的查询（例如单个句子或短语）将集中于特定细节，可能更适合与句子级别的嵌入匹配；跨越多个句子或段落的较长查询可能更适合与段落或文档级别的嵌入匹配，因为它可能在寻找更广泛的上下文或主题。

假设有一篇关于苹果公司的长文章，其中包括了公司的历史、产品和文化等多个方面的信息。以下是这篇文章的一部分：

> 苹果公司成立于 1976 年，由史蒂夫·乔布斯、史蒂夫·沃兹尼亚克和罗纳德·韦恩共同创立。最初，公司主要专注于计算机的开发和销售。1984 年，苹果公司推出了革命性的 Macintosh 计算机，这标志着个人计算机时代的开始。
>
> 随着时间的推移，苹果公司逐渐扩展其产品线，推出 iPod、iPhone 和 iPad 等一系列广受欢迎的消费电子产品。iPhone 的推出尤其具有划时代的意义，它不仅改变了手机行业，也推动了整个移动互联网的发展。
>
> 苹果公司的文化强调创新和完美，这种文化深深地影响了其产品的设计和开发。乔布斯对产品细节的执着和对设计美学的追求，成了苹果公司产品的一大特点。

● **简短查询**

"苹果公司是什么时候成立的？"

这是一个非常具体的问题，可以直接从文章中的"苹果公司成立于 1976 年"这句话中找到答案。如果将整篇文章转化为向量进行搜索，这种短小而具体的查询可能会在长文本中显得不够突出，因为长文本中包含了大量其他信息；但如果对文章进行分句，然后将每个句子单独转化为向量进行搜索，这个简短的查询就能更准确地匹配到"苹果公司成立于 1976 年"这个句子。

- **长查询**

"讲讲苹果公司的文化和它是怎样影响产品设计的。"

这个查询需要用到文章中关于"苹果公司文化"和"产品设计影响"的部分。这部分内容跨越了几个句子，需要理解整个段落的上下文来提供完整的答案。如果对整篇文章进行向量嵌入，这个长查询能更好地匹配到相关内容，因为长查询能够捕捉到文章中广泛的上下文。

搞清楚了嵌入的原理和技巧，接下来我们看看 LangChain 中是如何实现嵌入的。

2. 嵌入类

LangChain 中的 Embeddings 是一个与文档嵌入模型进行交互的类，旨在为许多嵌入模型提供一个标准接口，如 OpenAI 的嵌入模型 text-embedding-ada-002、Hugging Face 上的中文嵌入模型 BGE 等。

在路径 langchain_community 的 embeddings 目录下可以查看 LangChain 中支持的嵌入模型接口：

```
"OpenAIEmbeddings",   # OpenAI 嵌入模型接口
"HuggingFaceEmbeddings",  # Hugging Face 嵌入模型接口
"CohereEmbeddings",   # Cohere 嵌入模型接口
"JinaEmbeddings", # 从 Jina 加载嵌入模型
"LlamaCppEmbeddings", # Llama 嵌入模型接口
"HuggingFaceHubEmbeddings", # 从 Hugging Face 社区加载嵌入模型
"ModelScopeEmbeddings", # 从魔搭社区加载嵌入模型
"TensorflowHubEmbeddings", # 从 TensorFlow Hub 加载嵌入模型
"SagemakerEndpointEmbeddings", # 通过亚马逊 SageMaker 服务 API 加载嵌入模型
"SelfHostedEmbeddings", # 加载自托管的嵌入模型
...
```

每个嵌入模型类都实现了 embed_documents 方法用于文档嵌入，实现了 embed_query 方法用于查询嵌入内容。下面的例子显示了每个句子被嵌入为 1536 维的向量（长度为 1536 的浮点数数组）的过程：

```
def test_embedding():
    from langchain_community.embeddings.dashscope import DashScopeEmbeddings
    # 实例化阿里云通用文本向量模型接口
    embeddings_model = DashScopeEmbeddings()
    # 文档嵌入
    embeddings = embeddings_model.embed_documents(
    [
        "《星际穿越》: 这是一部探讨宇宙奥秘, 讲述宇航员穿越虫洞寻找人类新家园的故事的科幻电影",
        "《阿甘正传》: 这部励志电影描述了一位智力有限但心灵纯净的男子, 他意外地参与了多个重大历史事件",
        "《泰坦尼克号》: 一部讲述了 1912 年泰坦尼克号沉船事故中, 两位来自不同阶层的年轻人之间爱情故事
            的浪漫电影"
    ]
    )
    # 查询内容嵌入
    embedded_query = embeddings_model.embed_query("我想看一部关于宇宙探险的电影")
    print(len(embeddings), len(embeddings[0]), len(embedded_query))
```

3. 嵌入缓存

在处理嵌入向量时，复杂的数学计算过程需要大量的计算资源。为了提高处理效率并减少响应时间，一种常见的做法是使用缓存策略。这意味着可以将最近计算的或最频繁检索的嵌入向量保存在缓存中，以便快速访问。

- ❑ **优点**：显著提高了重复查询嵌入向量的响应速度。
- ❑ **缺点**：由于缓存资源有限，不能缓存所有的嵌入向量，因此需要一种高效的缓存管理策略来确定哪些嵌入向量值得保留在缓存中。

在以下示例中，首次执行 test_cache 函数耗时约 2.122 秒：

```
# 一个记录函数执行时间的装饰器
def timing_decorator(func):
    def wrapper(*args, **kwargs):
        start_time = time.time()
        result = func(*args, **kwargs)
        end_time = time.time()
        elapsed_time = end_time - start_time
        print(f"{func.__name__} 耗时 {elapsed_time} 秒")
        return result
    return wrapper


@timing_decorator
def test_cache():
```

```
from langchain.storage import LocalFileStore
from langchain.embeddings import CacheBackedEmbeddings
from langchain_community.embeddings.dashscope import DashScopeEmbeddings

underlying_embeddings = DashScopeEmbeddings()
fs = LocalFileStore("./cache/")
# 对已嵌入内容进行缓存
cached_embedder = CacheBackedEmbeddings.from_bytes_store(
    underlying_embeddings, fs, namespace=underlying_embeddings.model
)
embeddings = cached_embedder.embed_documents(
[
    "《星际穿越》：这是一部探讨宇宙奥秘，讲述宇航员穿越虫洞寻找人类新家园的故事的科幻电影",
    "《阿甘正传》：这部励志电影描述了一位智力有限但心灵纯净的男子，他意外地参与了多个重大历史事件"
]
)
```

第二次执行 test_cache 函数耗时 0.008 秒：

```
print(list(fs.yield_keys()))
# 输出为
['text-embedding-ada-0021fea6f02-9e7a-5d39-9f35-73f60ba3646d',
 'text-embedding-ada-0026a588665-96b2-55ad-986a-039a9598f0c0']
```

在 LangChain 中，嵌入向量的缓存是通过 CacheBackedEmbeddings 实现的。这个功能特别有用，因为它避免了重复的向量编码计算，从而显著提升了处理速度。例如，文本的向量编码已经被缓存到路径 cache/text-embedding-ada-0021fea6f02-9e7a-5d39-9f35-73f60ba3646d 下，系统不需要进行第二次计算，从而大大加快了返回速度。

初始化 CacheBackedEmbeddings 的关键方法是 from_bytes_store，它接收以下参数。

❑ **underlying_embedder**：执行嵌入处理的嵌入引擎接口（embedder）。

❑ **document_embedding_cache**：用于存储文档嵌入向量的缓存引擎。

❑ **namespace**（可选，默认为空）：为文档缓存设定的命名空间，用于避免与其他缓存发生冲突。例如，可以将其设置为所使用的嵌入模型的名称。

作为缓存引擎，document_embedding_cache 支持多种类型，包括内存中的 InMemoryStore、文件系统的 LocalFileStore 和键值数据库（如 Redis）的 RedisStore，文档内容的哈希结果将作为缓存中的键值使用。

5.2.4　向量存储

之前只是讨论了如何使用嵌入模型将文本转换成向量，本节将深入探讨向量存储这一关键概念。虽然传统的关系型数据库（如 PostgreSQL）和文档型数据库（如 MongoDB）能够存储向量数据，但它们并未针对高维向量的检索进行优化，这可能导致查询效率较低。为了解决这个问题，人们专门设计了向量数据库，这类数据库专注于存储和检索高维向量数据，并具有以下核心功能。

❑ **高效的近似最近邻搜索**：这使得数据库能够迅速找出与给定查询向量最相似的向量。
❑ **空间划分**：运用各种算法将高维空间分割成不同区域，从而加速检索过程。
❑ **索引构建**：为向量数据建立索引，进一步提升检索速度。

这些功能使得向量数据库在处理高维向量数据时表现出色，特别适用于需要高效检索和分析大量嵌入向量的场景。

1. 索引算法

在向量数据库中，索引算法的选择对于高效检索和分析嵌入向量至关重要，这些算法在计算距离时采用不同的方法。以下是一些常用的索引算法及其特点。

❑ **平面索引（FLAT）**：将向量简单地存储在一个平面结构中，是最基本的向量索引方法。

- 欧氏距离（Euclidean distance）：

$$d(x,y) = \sqrt{\sum_{i=1}^{n}(x_i - y_i)^2}$$

- 余弦相似度（cosine similarity）：

$$\mathrm{sim}(x,y) = \frac{x \cdot y}{\|x\|\|y\|}$$

❑ **分区索引（IVF）**：将向量分配到不同的分区中，每个分区建立一个倒排索引，最终通过倒排索引实现相似性搜索。

- 欧氏距离：

$$d(x,y) = \sqrt{\sum_{i=1}^{n}(x_i - y_i)^2}$$

- 余弦相似度：

$$\text{sim}(x,y) = \frac{x \cdot y}{\|x\|\|y\|}$$

❑ **量化索引（PQ）**：将高维向量划分成若干子向量，将每个子向量量化为一个编码，最终将编码存储在倒排索引中，利用倒排索引进行相似性搜索。

- 欧氏距离：

$$d(x,y) = \sqrt{\sum_{i=1}^{n}(x_i - y_i)^2}$$

- 汉明距离（Hamming distance）：

$$d(x,y) = \sum_{i=1}^{n}(x_i \oplus y_i)$$

其中 $\oplus$ 表示按位异或操作。

❑ **LSH（locality-sensitive hashing）**：使用哈希函数将高维向量映射到低维空间，并在低维空间中比较哈希桶之间的相似度，实现高效的相似性搜索。

- 内积（inner product）：

$$\text{sim}(x,y) = x \cdot y$$

- 欧氏距离：

$$d(x,y) = \sqrt{\sum_{i=1}^{n}(x_i - y_i)^2}$$

2. 常见向量数据库

- Pinecone

  - 一种为高效向量搜索而设计的托管服务
  - 提供易用的 Python SDK

- Milvus

  - 一个开源的向量数据库，支持大规模向量检索
  - 支持多种距离计算方式，如欧氏距离、余弦相似度等
  - 提供 Python、Java 等多种编程语言的客户端

- **FAISS**（Facebook AI Similarity Search）

  - 由 Facebook 开发的一个库，用于高效地搜索高维空间中的向量
  - 支持大规模数据集，常用于机器学习中的近似最近邻搜索
  - 提供 C++ 和 Python 接口

- **Chroma**：一个新开源的向量数据库

3. 数据库扩展和库

- ElasticVectorSearch

  - Elasticsearch 是一个流行的搜索引擎，通过插件的方式支持向量搜索
  - 可以使用 Elasticsearch 的 dense_vector 类型和 cosineSimilarity 或 dotProduct 函数进行向量相似度计算

- pgvector

  - PostgreSQL 是一个开源的关系型数据库，pgvector 通过扩展的方式支持向量搜索，还可以用于存储嵌入向量

- HNSWlib

  - 一个用于近似最近邻搜索的库，提供了 C++ 和 Python 接口
  - 使用分层可导航小世界（HNSW）算法

4. 向量数据库接口

在路径 langchain_community 的 vectorstores 目录下可以看到 LangChain 支持的所有向量数据库封装实现,其中包含丰富的扩展支持,下面仅展示其中一部分:

```
...
"AzureSearch",
"Cassandra",
"Chroma",
"ElasticVectorSearch",
"ElasticKnnSearch",
"FAISS",
"Milvus",
"Zilliz",
"Chroma",
"OpenSearchVectorSearch",
"Pinecone",
"Redis",
"PGVector",
...
```

接下来使用 Chroma 来演示 LangChain 中对向量数据库的操作。首先看代码示例:

```python
def test_chromadb():
    # 导入所需的模块和类
    # 加载文本文件,这里以《西游记》为例
    raw_documents = TextLoader("./西游记.txt", encoding="utf-8").load()

    # 创建文本分割组件,将文本分割成较小的部分
    # chunk_size 定义每个部分的大小,chunk_overlap 定义部分之间的重叠
    text_splitter = TokenTextSplitter(chunk_size=256, chunk_overlap=32)

    # 将原始文档分割成更小的文档
    documents = text_splitter.split_documents(raw_documents)

    # 使用文档和通用文本向量模型创建 Chroma 向量存储
    db = Chroma.from_documents(documents, DashScopeEmbeddings
)

    # 定义一个查询,这里查询的是孙悟空被压在五行山下的故事
    query = "孙悟空是怎么被压在五行山下的?"
```

```
# 在数据库中进行相似性搜索, k=1 表示返回最相关的一个文档
docs = db.similarity_search(query, k=1)

# 打印找到的最相关文档的内容
print(docs[0].page_content)
```

在测试文件西游记 .txt 中,我将《西游记》的剧情介绍保存进去,然后查询向量数据库:"孙悟空是怎么被压在五行山下的?"其中参数 k 表示获取语义最相似的前几个结果,这里只获取了一个(k=1)结果:

> 玉帝请来西天的如来佛祖,如来与悟空斗法,悟空翻不出如来掌心。如来将五指化作"五行山",将悟空压在五行山下。

上面这段代码演示了如何使用 LangChain 的一些功能来处理和查询文本数据。它首先从一个文本文件中加载数据,然后使用文本分割组件将其分割成更小的部分,接着使用阿里云的通用文本向量模型和 Chroma 向量存储来处理这些文档,并对一个特定的查询进行相似性搜索,最后打印出与查询最相关的文档内容。

5.2.5 检索器

1. MultiQueryRetriever 组件

MultiQueryRetriever 是 LangChain 中一种高效的组件,专门设计用于处理多重查询任务。它在复杂的信息检索场景中表现出色,尤其是当需要同时应对多个查询或信息点时。MultiQueryRetriever 的主要工作步骤如图 5-3 所示。

(1) **处理多重查询**:它能够同时处理多个查询,这些查询可能是用户提出的不同问题,或者是针对一个复杂问题派生的多个子查询。

(2) **并行检索信息**:对于每个独立的查询,MultiQueryRetriever 会并行地从各个数据源中检索信息。这种并行处理机制大大提高了检索效率,尤其是在面对大规模数据集或多个数据源时。

(3) **聚合与整合结果**:检索得到的信息将被汇总和整合。这意味着不同查询得到的结果会被集中处理,从而便于进行综合分析或提供全面的回答。

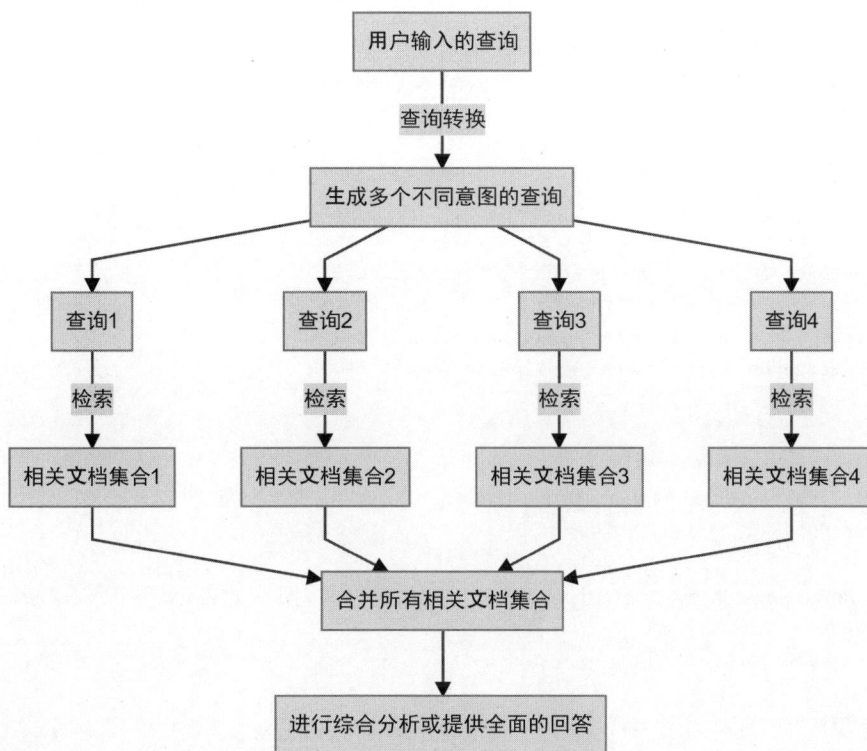

图 5-3　MultiQueryRetriever 工作过程

　　下面这段代码使用 LangChain 的一些功能来处理和查询网络上的文本数据。它首先从一个网页中加载数据，然后使用文本分割组件将其分割成更小的部分，接着使用阿里云的通用文本向量模型和 Chroma 向量存储来处理这些文档，并结合一个基于语言模型的检索器来对一个特定的查询进行相似性搜索，最后计算并打印出与查询相关的文档内容。

```
# 从网页加载内容
loader = WebBaseLoader("https://www.ituring.com.cn/book/3457")
data = loader.load()

# 拆分文本
# 使用递归字符文本分割组件将文本分割成小块，每块最多 512 个字符，不重叠
text_splitter = RecursiveCharacterTextSplitter(chunk_size=512, chunk_overlap=0)
splits = text_splitter.split_documents(data)

# 创建向量数据库
# 使用阿里云的通用文本向量模型接口
```

```
embedding = DashScopeEmbeddings()
# 使用分割后的文档和嵌入向量创建 Chroma 向量存储
vectordb = Chroma.from_documents(documents=splits, embedding=embedding)

# 定义一个查询问题
question = " 介绍一下《LangChain 编程：从入门到实践（第 2 版）》这本书 "

# 初始化模型
llm = ChatDeepSeek(model="deepseek-chat", temperature=0.3)
# 使用多查询检索器，结合向量数据库和语言模型
retriever_from_llm = MultiQueryRetriever.from_llm(
  retriever=vectordb.as_retriever(), llm=llm
)

# 使用检索器获取与查询相关的文档
unique_docs = retriever_from_llm.invoke(question)
print(unique_docs)
```

然后在 langchain/retrievers/multi_query.py 文件中打印转换后的查询：

```
    def _get_relevant_documents(
        self,
        query: str,
        *,
        run_manager: CallbackManagerForRetrieverRun,
    ) -> List[Document]:
        """ 根据用户的搜索请求，检索并提供相关的文档资料。

        Args:
            question: 用户搜索请求

        Returns:
            从所有产生的查询中，整合出一份不重复的相关文档集合。
        """
        queries = self.generate_queries(query, run_manager)
        if self.include_original:
            queries.append(query)
        # 添加这一行，用于打印转换后的查询
        print(queries)
        documents = self.retrieve_documents(queries, run_manager)
        return self.unique_union(documents)
```

['1.《LangChain 编程：从入门到实践（第 2 版）》这本书主要讲了哪些内容？ ','2. 能否简单介绍一下《LangChain 编程：从入门到实践（第 2 版）》的核心特点？ ','3.《LangChain 编程：从入门到实践（第 2 版）》是一本什么样的书，适合哪些读者阅读？ ']

很显然，"介绍《LangChain 编程：从入门到实践（第 2 版）》这本书"被自动转换成 3 个不同的查询意图，分别是："《LangChain 编程：从入门到实践（第 2 版）》这本书主要讲了哪些内容？""能否简单介绍一下《LangChain 编程：从入门到实践（第 2 版）》的核心特点？""《LangChain 编程：从入门到实践（第 2 版）》是一本什么样的书，适合哪些读者阅读？"

2. ContextualCompressionRetriever 组件

ContextualCompressionRetriever 是一种特殊的检索器，其目的是在保持上下文信息的同时，有效地压缩和检索相关信息；在处理大量文本数据时，确保只返回与给定查询相关的内容，而不是原样返回检索到的整个文档。这里的"压缩"包括两个方面：单个文档内容的压缩和对检索到的文档批量进行相关性过滤。

❑ **LLMChainFilter 压缩器**：这种方法判断检索到的哪些文档应该被过滤掉，哪些文档应该返回。这就避免了对每个文档进行额外的 LLM 调用，从而节省资源并加快处理速度。

❑ **EmbeddingsFilter 方法**：这种方法通过嵌入技术对文档和查询进行处理，仅返回与查询具有高度相似性的文档，比 LLMChainFilter 更经济、更高效，尤其适用于大量文档的快速过滤。

以上两种方法使得用户在面对大量无关文本时能够更加高效地定位到最相关的信息。示例如下：

```python
def pretty_print_docs(docs):
    # 格式化打印文档
    print(f"\n{'-' * 100}\n".join([f"Document {i+1}:\n\n" + d.page_content for i, d in
enumerate(docs)]))


def test():
    # 从网页加载内容
    loader = WebBaseLoader("https://www.ituring.com.cn/book/3457")
    data = loader.load()

    # 拆分文本
    # 使用递归字符文本分割组件将文本分割成小块，每块最多 512 个字符，不重叠
    text_splitter = RecursiveCharacterTextSplitter(chunk_size=512, chunk_overlap=0)
    splits = text_splitter.split_documents(data)

    # 创建语言模型实例
    llm = ChatDeepSeek(model="deepseek-chat")
```

```
# 创建向量数据库检索器
retriever = Chroma.from_documents(documents=splits, embedding=DashScopeEmbeddings().
    as_retriever()
question = "这本书主要是关于哪方面的？"

# 未压缩时的查询结果
docs = retriever.get_relevant_documents(query=question)
pretty_print_docs(docs)

# 创建链式提取器
compressor = LLMChainExtractor.from_llm(llm)
# 创建上下文压缩检索器
compression_retriever = ContextualCompressionRetriever(base_compressor=compressor,
base_retriever=retriever)
# 压缩后的查询结果
docs = compression_retriever.get_relevant_documents(query=question)
pretty_print_docs(docs)

# 创建嵌入向量过滤器
embeddings_filter = EmbeddingsFilter(embedding=DashScopeEmbeddings(), similarity_
    threshold=0.76)
# 使用过滤器创建上下文压缩检索器
compression_retriever = ContextualCompressionRetriever(base_compressor=embeddings_filter,
    base_retriever=retriever)
# 过滤后的查询结果
docs = compression_retriever.get_relevant_documents(query=question)
pretty_print_docs(docs)
```

这段代码首先从一个网页中加载数据，然后使用文本分割组件将其分割成更小的部分，接着创建了一个基于阿里云通用文本向量模型的检索器，并对一个特定的查询进行了相似性搜索。此外，这段代码还展示了使用链式提取器和嵌入向量过滤器对检索过程进行压缩和过滤后的查询结果。每个阶段的查询结果都通过 pretty_print_docs 函数格式化打印出来。

3. EnsembleRetriever 组件

在 LangChain 中，EnsembleRetriever 采用混合的检索方法，融合多种检索器的结果，以提升检索的准确性和相关性。它的主要特点如下。

- 结合多种检索器：EnsembleRetriever 将不同检索器的结果集成到一起，从而利用各自的优势。
- 使用倒数排名融合算法：该算法对各个检索器的 get_relevant_documents 方法的结果进行重新排序。倒数排名融合算法考虑了每个检索器对文档相关性的不同评估，通过综合这些评估来提高最终结果的准确性。

□ **利用不同算法的优势**：EnsembleRetriever 结合了稀疏检索器（例如基于关键词的 BM25
算法）和密集检索器（例如基于语义相似度的嵌入向量相似性），这种混合搜索方法可
以实现比任何单一算法更好的检索性能。

在下面的示例中，EnsembleRetriever 结合了 BM25 检索器和 Chroma 检索器（使用阿里云
通用文本向量模型）来检索与查询"苹果"相关的文档，然后打印出检索到的文档：

```python
# 示例文档列表
doc_list = [
    "我喜欢苹果",
    "我喜欢橙子",
    "苹果和橙子都是水果",
]
# 初始化 BM25 检索器
bm25_retriever = BM25Retriever.from_texts(doc_list)
bm25_retriever.k = 2

# 使用阿里云通用文本向量模型初始化 Chroma 检索器
embedding = DashScopeEmbeddings()
chroma_vectorstore = Chroma.from_texts(doc_list, embedding)
chroma_retriever = chroma_vectorstore.as_retriever(search_kwargs={"k": 2})

# 初始化 EnsembleRetriever
ensemble_retriever = EnsembleRetriever(
    retrievers=[bm25_retriever, chroma_retriever], weights=[0.5, 0.5]
)

# 检索与查询 "苹果" 相关的文档
docs = ensemble_retriever.get_relevant_documents("苹果")
print(docs)
```

4. WebResearchRetriever 组件

WebResearchRetriever 是 LangChain 中的一个检索器，用于处理查询并从互联网上检索相
关信息，其主要功能如下。

□ **生成相关的谷歌搜索查询**：根据给定查询生成一系列相关的谷歌搜索查询。
□ **执行搜索**：对每个生成的查询进行谷歌搜索。
□ **加载搜索结果的 URL**：加载所有搜索结果的 URL。
□ **嵌入和相似性搜索**：将合并的页面内容嵌入，并执行与查询的相似性搜索。

下面的代码展示了如何使用 WebResearchRetriever 从互联网上检索与特定查询相关的信息。

```python
# 初始化向量存储
vectorstore = Chroma(
  embedding_function=DashScopeEmbeddings(), persist_directory="./chroma_db_oai"
)

# 初始化语言模型
llm = ChatDeepSeek(model="deepseek-chat")

# 初始化谷歌搜索 API 包装器
search = GoogleSearchAPIWrapper()

# 初始化 WebResearchRetriever
web_research_retriever = WebResearchRetriever.from_llm(
  vectorstore=vectorstore,
  llm=llm,
  search=search,
)

# 使用 WebResearchRetriever 检索与查询相关的文档
user_input = "LLM 驱动的自主代理是如何工作的？"
docs = web_research_retriever.get_relevant_documents(user_input)\
# 打印检索到的文档
print(docs)
```

在这个示例中，首先初始化了一个向量存储和一个语言模型，然后初始化了谷歌搜索 API 包装器，接着创建了一个 WebResearchRetriever 实例，并使用它来检索与用户输入查询相关的文档，最后打印出检索到的文档。

5. 向量存储检索器

向量存储检索器（vector store retriever）是一种使用向量存储来检索文档的检索器，它是围绕向量存储类的轻量级包装器，旨在使其符合检索器接口。向量存储检索器利用向量存储实现的搜索方法，如相似性搜索和最大边际相关性（MMR）搜索，来查询向量存储中的文本。

- ❑ **默认相似性搜索**：使用向量存储的默认搜索方法，通常基于向量之间的相似度。
- ❑ **MMR 搜索**：使用最大边际相关性搜索，这种方法旨在提高结果的多样性，防止返回过于相似的文档。
- ❑ **相似度分数阈值搜索**：只返回相似度分数高于指定阈值的文档。
- ❑ **Top k 搜索**：返回与查询最相关的前 k 个文档。

```
# 加载文档
loader = TextLoader("./test.txt")
documents = loader.load()

# 文本分割
text_splitter = CharacterTextSplitter(chunk_size=512, chunk_overlap=128)
texts = text_splitter.split_documents(documents)

# 初始化嵌入向量
embeddings = DashScopeEmbeddings()

# 使用文档和嵌入向量创建 Chroma 向量存储
db = Chroma.from_documents(texts, embeddings)

# 将向量存储转换为检索器
# 使用默认的相似性搜索
retriever = db.as_retriever()
docs = retriever.get_relevant_documents("LLMOps 的含义是什么？")
print("默认相似性搜索结果: \n", docs)

# 使用最大边际相关性（MMR）搜索
retriever_mmr = db.as_retriever(search_type="mmr")
docs_mmr = retriever_mmr.get_relevant_documents("LLMOps 的含义是什么？")
print("MMR 搜索结果: \n", docs_mmr)

# 设置相似度分数阈值
retriever_similarity_threshold = db.as_retriever(search_type="similarity_score_threshold",
search_kwargs={"score_threshold": 0.5})
docs_similarity_threshold = retriever_similarity_threshold.get_relevant_documents("LLMOps 的
    含义是什么？")
print("相似度分数阈值搜索结果: \n", docs_similarity_threshold)

# 指定 Top k 搜索
retriever_topk = db.as_retriever(search_kwargs={"k": 1})
docs_topk = retriever_topk.get_relevant_documents("LLMOps 的含义是什么？")
print("Top k 搜索结果: \n", docs_topk)
```

6. 第三方组件

在社区开发者的热心参与下，LangChain 不仅开发了上文提到的内置检索器组件，还针对众多第三方数据源提供了一系列丰富的检索接口集成，比如 Azure 认知服务接口 AzureCognitive-SearchRetriever、为学术论文预印本提供在线存档和分发的 arXiv 服务。更多支持可前往官网检索器索引页面查看。

5.2.6 多文档联合检索

针对多个文档进行问答、摘要和总结等场景十分常见，这涉及对多个文档进行并行检索。LangChain 中支持实现 4 种多文档联合检索方式，下面进行详细介绍。

1. stuff

将多段搜索结果文本拼接为一个整体后，一次性输入大模型中，这适用于处理较短文本的情境。

create_stuff_documents_chain（stuff 在这里意为填充）是 4 种联合检索方式中最直接的一种。它接收一系列文档，将它们全部插入一个提示词中，然后将该提示词传递给一个大模型。这种方式特别适用于处理小型文档并且在大多数调用中只传递少量文档的应用场景。

```
llm = ChatDeepSeek(model="deepseek-chat")
# 创建文档提示词模板
prompt = ChatPromptTemplate.from_template(" 总结下面的内容：{context}")

# 构建 Chain
chain = create_stuff_documents_chain(llm, prompt)

# 示例文本
text = """
2022 年 11 月 30 日，OpenAI 正式发布 ChatGPT。在短短一年时间里，ChatGPT 不仅成为生成式 AI 领域的热门话题，
更是掀起了新一轮技术浪潮。每当 OpenAI 有新动作，就会占据国内外各大科技媒体的头条。从最初的 GPT-3.5 模
型，到如今的 GPT-4.0 Turbo 模型，OpenAI 的每一次更新都不断拓展我们对于人工智能可能性的想象。最开始，
ChatGPT 只是通过文字聊天与用户进行互动，而现在，它已经能够借助 GPT-4V 解说足球视频了。
"""

# 将文本分割成文档
docs = [
    Document(
        page_content=split,
        metadata={"source": "https://www.ituring.com.cn/book/3457"},
    )
    for split in text.split()
]
# 调用链并打印结果
print(chain.invoke({"context": docs}))
```

在这个示例中，首先声明了模型实例，创建了一个提示词模板，然后使用 create_stuff_

documents_chain 函数构建了 Chain，这个链将文档内容格式化并插入一个用于总结内容的提示词中，最后由模型响应最终结果。

下面就是 create_stuff_documents_chain 的主要逻辑。该函数返回一个 Runnable 对象，输入是一个字典，必须包含一个键 context，它映射到一个 Document 列表，以及提示词中预期的任何其他输入变量，Runnable 的返回类型取决于使用的 output_parser。

```python
def format_docs(inputs: dict) -> str:
    return document_separator.join(
        format_document(doc, _document_prompt)
        for doc in inputs[document_variable_name]
    )
return (
    RunnablePassthrough.assign(**{document_variable_name: format_docs}).with_config(
        run_name="format_inputs"
    )
    | prompt
    | llm
    | _output_parser
).with_config(run_name="stuff_documents_chain")
```

2. refine

要把长篇文本划分为若干段落，大模型首先针对第一段文本提供答案，随后将该答案与第二段文本结合生成新的回应，如此循环，直至为整个文本构建出完整的答案。代码示例如下：

```python
# 创建文档提示词模板
refine_template = """
对下面的内容进行总结概括，不超过 50 字。
到目前为止的已总结的信息，如果为空，则忽略：
<summary>{existing_answer}</summary>
新的上下文：
<context>{context}</context>
根据新的上下文，完善原始总结。
"""
refine_prompt = ChatPromptTemplate([("human", refine_template)])

llm = ChatDeepSeek(model="deepseek-chat")
# 构建 refine_summary_chain
refine_summary_chain = refine_prompt | llm | StrOutputParser()
# 示例文本
text = """
```

```
2022 年 11 月 30 日，OpenAI 正式发布 ChatGPT。在短短一年时间里，ChatGPT 不仅成为生成式 AI 领域的热门话题，
更是掀起了新一轮技术浪潮。每当 OpenAI 有新动作，就会占据国内外各大科技媒体的头条。从最初的 GPT-3.5 模
型，到如今的 GPT-4.0 Turbo 模型，OpenAI 的每一次更新都不断拓展我们对于人工智能可能性的想象。最开始，
ChatGPT 只是通过文字聊天与用户进行互动，而现在，它已经能够借助 GPT-4V 解说足球视频了。
"""
# 将文本分割成文档
docs = [
    Document(
        page_content=split,
        metadata={"source": "https://www.ituring.com.cn/book/3457"},
    )
    for split in text.split("\n")
]


if __name__ == "__main__":
existing_answer = ""
 # 循环调用链并打印结果
    for doc in docs[1:]:
        existing_answer = refine_summary_chain.invoke({"context": doc, "existing_answer":
            existing_answer})
    print(existing_answer)
```

refine 的工作过程如图 5-4 所示。

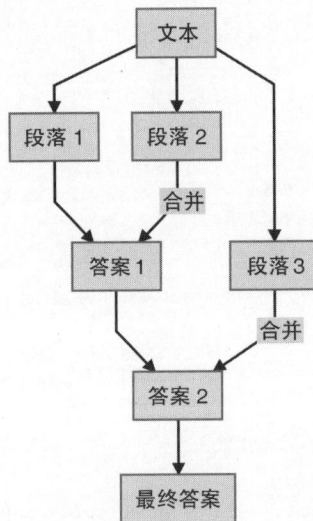

图 5-4 refine 工作过程

3. map rerank

大模型通过问答形式分析每段文本内容，在生成答案的同时，还会对这些答案进行打分并选出得分最高的作为最终答案。map rerank 的工作过程如图 5-5 所示。

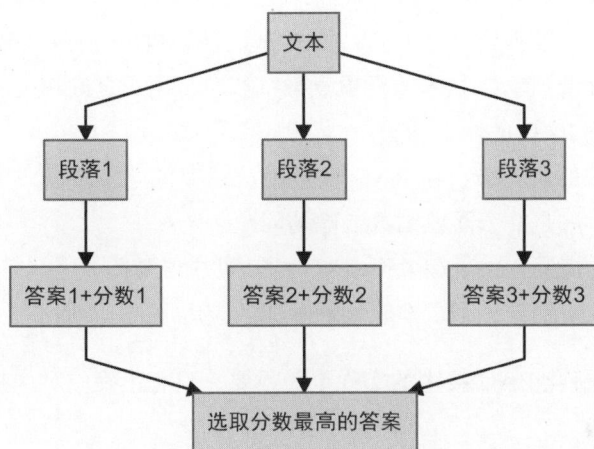

图 5-5　map rerank 工作过程

4. map reduce

针对多个搜索召回段落的文本，大模型会为每个段落生成答案，最后对这些答案进行整合，生成基于整篇文章的综合答案。map reduce 的工作过程如图 5-6 所示。

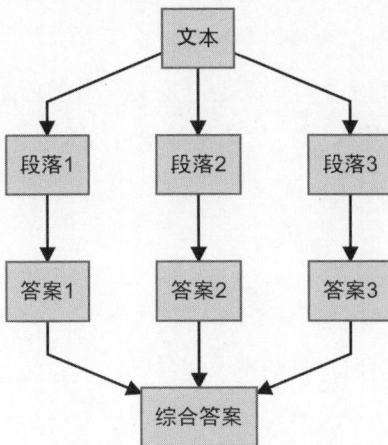

图 5-6　map reduce 工作过程

5.2.7　RAG 技术的关键挑战

RAG 技术在实际落地过程中存在几个关键挑战，直接影响技术的有效性和可靠性。

- ❑ **知识库的质量与更新**：RAG 技术的效果在很大程度上取决于知识库的准确性和时效性，若知识库的内容不准确或过时了，RAG 生成的回答也可能存在误差。
- ❑ **检索系统的准确性**：RAG 技术依靠检索系统获取与用户查询相关的信息，检索系统性能不佳会直接影响 RAG 的输出质量。
- ❑ **模型与参考知识的优先级**：在 RAG 实现中，模型自身的知识与从外部检索的参考知识之间的优先级排序是一个需要细致考虑的问题。
- ❑ **有效信息密度的提升**：为了最大化 RAG 的效果，需要在尽可能简洁的指令中提供丰富、真实的信息，这有助于模型更准确地理解和回应用户的需求。

理解这些挑战对于优化 RAG 技术的实现至关重要，只有正确应对这些问题，才能充分发挥 RAG 的潜力。

5.3　RAG 实践

基础知识已经掌握得差不多了，接下来进入实战环节。我们通过一个项目来练练手，感受 RAG 技术的强大。整体方案流程和前面的讲解顺序基本一致，即加载文档➔文档分块➔文本嵌入➔根据问题检索答案。为了提高检索结果的准确性，这里设计的方案重点对分块策略和检索策略进行优化。

整体方案包括在文档预处理阶段实现满足上下文窗口的原始文本分块，在文档检索阶段实现文本的三次检索，下面逐一进行说明。测试文章来自《大语言模型的安全问题探究》。

5.3.1　文档预处理过程

1. 小文本块拆分

以 50 token 大小（可根据文档自身的组织规律动态调整粒度）对文本做首次分割：

```
# 小文本块大小
BASE_CHUNK_SIZE = 50
```

```
# 小块的重叠部分大小
CHUNK_OVERLAP = 0
def split_doc(
    doc: List[Document], chunk_size=BASE_CHUNK_SIZE, chunk_overlap=CHUNK_OVERLAP,
        chunk_idx_name: str
):
    data_splitter = RecursiveCharacterTextSplitter(
        chunk_size=chunk_size,
        chunk_overlap=chunk_overlap,
        # 使用 tiktoken 来确保分割不会在一个 token 的中间发生
        length_function=tiktoken_len,
    )
    doc_split = data_splitter.split_documents(doc)
    chunk_idx = 0
    for d_split in doc_split:
        d_split.metadata[chunk_idx_name] = chunk_idx
        chunk_idx += 1
    return doc_split
```

下面的示例显示了前 7 个分块的信息：

```
[Document(page_content='LLM 安全专题提示 ', metadata={'source': './data/ 一文带你了解提示攻
击 .pdf', 'page': 0, 'small_chunk_idx': 0}),
Document(page_content=' 是指在训练或与大语言模型（Claude、ChatGPT 等）进行交互时，提供给模 ',
metadata={'source': './data/ 一文带你了解提示攻击 .pdf', 'page': 0, 'small_chunk_idx': 1}),
Document(page_content=' 型的输入文本。通过给定特定的 ', metadata={'source': './data/ 一文带你了解
提示攻击 .pdf', 'page': 0, 'small_chunk_idx': 2}),
Document(page_content=' 提示，可以引导模型生成特定主题或类型的文本。在自然语言处理任务中，提 ',
metadata={'source': './data/ 一文带你了解提示攻击 .pdf', 'page': 0, 'small_chunk_idx': 3}),
Document(page_content=' 示充当了问题或输入的角色，而模型的输出是对这个问题的回答或任务完成。关于 ',
metadata={'source': './data/ 一文带你了解提示攻击 .pdf', 'page': 0, 'small_chunk_idx': 4}),
Document(page_content=' 怎样设计好的 ', metadata={'source': './data/ 一文带你了解提示攻击 .pdf',
'page': 0, 'small_chunk_idx': 5}),
Document(page_content='prompt, 查看 prompt 专题章节内容就可以了，这里不过多阐述，个人比较感兴趣的是针
对 ', metadata={'source': './data/ 一文带你了解提示攻击 .pdf', 'page': 0, 'small_chunk_idx': 6}),
...]
```

2. 添加窗口

设定步长为 3、窗口大小为 6，将上述步骤的小块匹配到不同的上下文窗口：

```
# 步长定义了窗口移动的速度，具体来说，它是上一个窗口中第一个块和下一个窗口中第一个块之间的距离
WINDOW_STEPS = 3
```

```python
# 窗口大小直接影响每个窗口中的上下文信息量，窗口大小 = BASE_CHUNK_SIZE * WINDOW_SCALE
WINDOW_SCALE = 6
def add_window(
    doc: Document, window_steps=WINDOW_STEPS, window_size=WINDOW_SCALE, window_idx_name: str
        ):
    window_id = 0
    window_deque = deque()

    for idx, item in enumerate(doc):
        if idx % window_steps == 0 and idx != 0 and idx < len(doc) - window_size:
            window_id += 1
        window_deque.append(window_id)

        if len(window_deque) > window_size:
            for _ in range(window_steps):
                window_deque.popleft()

        window = set(window_deque)
        item.metadata[f"{window_idx_name}_lower_bound"] = min(window)
        item.metadata[f"{window_idx_name}_upper_bound"] = max(window)
```

下面的示例显示了增加窗口信息后前 7 个分块的内容：

```
[Document(page_content='LLM 安全专题提示 ', metadata={'source': './data/ 一文带你了解提示攻击 .pdf',
'page': 0, 'small_chunk_idx': 0, 'large_chunks_idx_lower_bound': 0, 'large_chunks_idx_upper_
bound': 0}),
Document(page_content=' 是指在训练或与大语言模型（Claude、ChatGPT 等）进行交互时，提供给模',
metadata={'source': './data/ 一文带你了解提示攻击 .pdf', 'page': 0, 'small_chunk_idx': 1,
'large_chunks_idx_lower_bound': 0, 'large_chunks_idx_upper_bound': 0}),
Document(page_content=' 型的输入文本。通过给定特定的 ', metadata={'source': './data/ 一文带你了
解提示攻击 .pdf', 'page': 0, 'small_chunk_idx': 2, 'large_chunks_idx_lower_bound': 0, 'large_
chunks_idx_upper_bound': 0}),
Document(page_content=' 提示，可以引导模型生成特定主题或类型的文本。在自然语言处理任务中，提 ',
metadata={'source': './data/ 一文带你了解提示攻击 .pdf', 'page': 0, 'small_chunk_idx': 3,
'large_chunks_idx_lower_bound': 0, 'large_chunks_idx_upper_bound': 1}),
Document(page_content=' 示充当了问题或输入的角色，而模型的输出是对这个问题的回答或任务完成。关于 ',
metadata={'source': './data/ 一文带你了解提示攻击 .pdf', 'page': 0, 'small_chunk_idx': 4,
'large_chunks_idx_lower_bound': 0, 'large_chunks_idx_upper_bound': 1}),
Document(page_content=' 怎样设计好的 ', metadata={'source': './data/ 一文带你了解提示攻击 .pdf',
'page': 0, 'small_chunk_idx': 5, 'large_chunks_idx_lower_bound': 0, 'large_chunks_idx_upper_
bound': 1}),
Document(page_content='prompt，查看 prompt 专题章节内容就可以了，这里不过多阐述，个人比较感兴趣的
是针对 ', metadata={'source': './data/ 一文带你了解提示攻击 .pdf', 'page': 0, 'small_chunk_idx':
```

```
6, 'large_chunks_idx_lower_bound': 1, 'large_chunks_idx_upper_bound': 2}),
Document(page_content='prompt 的攻击，随着大语言模型的广泛应用，安全必定是一个非常值 ',
metadata={'source': './data/ 一文带你了解提示攻击 .pdf', 'page': 0, 'small_chunk_idx': 7,
'large_chunks_idx_lower_bound': 1, 'large_chunks_idx_upper_bound': 2}),
...]
```

3. 中等文本块

以小文本块 3 倍的大小（可动态配置），即 150 token，对文本做二次分割，形成中等文本块：

```
# 中等文本块大小 = 基础块大小 * CHUNK_SCALE
CHUNK_SCALE = 3

def merge_metadata(dicts_list: dict):
    """
    合并多个元数据字典。

    参数：
        dicts_list (dict): 要合并的元数据字典列表。

    返回：
        dict: 合并后的元数据字典。

    功能：
        - 遍历字典列表中的每个字典，并将其键值对合并到一个主字典中。
        - 如果同一个键有多个不同的值，将这些值存储为列表。
        - 对于数值类型的多值键，计算其值的上下界并存储。
        - 删除已计算上下界的原键，只保留边界值。
    """
    merged_dict = {}
    bounds_dict = {}
    keys_to_remove = set()

    for dic in dicts_list:
        for key, value in dic.items():
            if key in merged_dict:
                if value not in merged_dict[key]:
                    merged_dict[key].append(value)
            else:
                merged_dict[key] = [value]

    # 计算数值型键的值的上下界
    for key, values in merged_dict.items():
        if len(values) > 1 and all(isinstance(x, (int, float)) for x in values):
```

```python
            bounds_dict[f"{key}_lower_bound"] = min(values)
            bounds_dict[f"{key}_upper_bound"] = max(values)
            keys_to_remove.add(key)

    merged_dict.update(bounds_dict)

    # 移除已计算上下界的原键
    for key in keys_to_remove:
        del merged_dict[key]

    # 如果键的值是单一值的列表, 则只保留该值
    return {
        k: v[0] if isinstance(v, list) and len(v) == 1 else v
        for k, v in merged_dict.items()
    }

def merge_chunks(doc: Document, scale_factor=CHUNK_SCALE, chunk_idx_name: str):
    """
    将多个文本块合并成更大的文本块。

    参数:
        doc (Document): 要合并的文本块列表。
        scale_factor (int): 合并的规模因子, 默认为 CHUNK_SCALE。
        chunk_idx_name (str): 用于存储块索引的元数据键。

    返回:
        list: 合并后的文本块列表。

    功能:
        - 遍历文本块列表, 按照 scale_factor 指定的数量合并文档内容和元数据。
        - 使用 merge_metadata 函数合并元数据。
        - 每合并完成一个新块, 将其索引添加到元数据中并追加到结果列表中。
    """
    merged_doc = []
    page_content = ""
    metadata_list = []
    chunk_idx = 0

    for idx, item in enumerate(doc):
        page_content += item.page_content
        metadata_list.append(item.metadata)

        # 按照规模因子合并文本块
        if (idx + 1) % scale_factor == 0 or idx == len(doc) - 1:
```

```
                metadata = merge_metadata(metadata_list)
                metadata[chunk_idx_name] = chunk_idx
                merged_doc.append(
                    Document(
                        page_content=page_content,
                        metadata=metadata,
                    )
                )
                chunk_idx += 1
                page_content = ""
                metadata_list = []

    return merged_doc
```

下面的示例显示了前 3 个中等分块的信息：

```
[Document(page_content='LLM 安全专题提示是指在训练或与大语言模型（Claude，ChatGPT 等）进入交互时，
提供给模型的输入文本。通过给定特定的 ', metadata={'source': './data/ 一文带你了解提示攻击 .pdf',
'page': 0, 'large_chunks_idx_lower_bound': 0, 'large_chunks_idx_upper_bound': 0, 'small_
chunk_idx_lower_bound': 0, 'small_chunk_idx_upper_bound': 2, 'medium_chunk_idx': 0}),
Document(page_content=' 提示，可以引导模型生成特定主题或类型的文本。在自然语言处理任务中，提示充当了
问题或输入的角色，而模型的输出是对这个问题的回答或任务完成。关于怎样设计好的 ', metadata={'source':
'./data/ 一文带你了解提示攻击 .pdf', 'page': 0, 'large_chunks_idx_lower_bound': 0, 'large_
chunks_idx_upper_bound': 1, 'small_chunk_idx_lower_bound': 3, 'small_chunk_idx_upper_bound':
5, 'medium_chunk_idx': 1}),
Document(page_content=' prompt，查看 prompt 专题章节内容就可以了，这里不过多阐述，个人比较感兴
趣的是针对 prompt 的攻击，随着大语言模型的广泛应用，安全必定是一个非常值得关注的领域。提示攻击 ',
metadata={'source': './data/ 一文带你了解提示攻击 .pdf', 'page': 0, 'large_chunks_idx_lower_
bound': 1, 'large_chunks_idx_upper_bound': 2, 'small_chunk_idx_lower_bound': 6, 'small_
chunk_idx_upper_bound': 8, 'medium_chunk_idx': 2}),
...]
```

5.3.2 文档检索过程

1. 检索器声明

首先声明一个检索器，用于检索文档。这里将 BM25（关键字）检索器和向量检索器组合成一个混合检索器，用于检索和评估文档相似度。下面是一些需要了解的相关知识。

❑ BM25 是一种基于词袋模型的检索方法，它通过考虑单词在文档中的频率和在整个文档集合中的逆文档频率来计算文档之间的相似度。

- 向量检索器通常使用预训练的嵌入模型（本案例使用阿里云的通用文本向量模型）将文档转换为密集向量，然后通过计算这些向量之间的相似度来评估文档之间的相似性。
- emb_filter 用于在嵌入式检索过程中过滤结果。例如，可以根据某些标准排除不相关的文档。
- k 是一个整数，表示要返回的最匹配的前几个结果。
- weights 包含两个权重值，分别用作 BM25 检索器和嵌入式检索器在集成检索中的权重。

```python
def get_retriever(
    self,
    docs_chunks,
    emb_chunks,
    emb_filter=None,
    k=2,
    weights=(0.5, 0.5),
):
    bm25_retriever = BM25Retriever.from_documents(docs_chunks)
    bm25_retriever.k = k

    emb_retriever = emb_chunks.as_retriever(
        search_kwargs={
            "filter": emb_filter,
            "k": k,
            "search_type": "mmr",
        }
    )
    return MyEnsembleRetriever(
        retrievers={"bm25": bm25_retriever, "chroma": emb_retriever},
        weights=weights,
    )
```

2. 检索相关文档

文档检索通过多阶段（三轮）的方式进行。

- **第一阶段：小分块检索**

  使用小文本块（docs_index_small）和小嵌入块（embedding_chunks_small）初始化一个检索器（first_retriever），使用这个检索器检索与查询相关的文档，并将结果存储在 first 变量中，然后对检索到的文档 ID 进行清理和过滤，确保它们是相关的，并存储在 ids_clean 变量中。

● **第二阶段：移动窗口检索**

针对每个唯一的源文档，使用小文本块检索与之相关的所有文本块。使用包含这些文本块的新检索器（second_retriever）再次进行检索，以进一步缩小相关文档的范围，并将检索到的文档添加到 docs 列表中。

● **第三阶段：中等分块检索**

依据过滤条件从中等文本块（docs_index_medium）中检索相关文档，使用包含这些文本块的新检索器（third_retriever）进行检索。从检索到的文档中选择前 third_num_k 个存储在 third 变量中，清理文档的元数据，删除不需要的内容，将最终检索到的文档按文件名分类，并存储在 qa_chunks 字典中。

```python
def get_relevant_documents(
    self,
    query: str,
    num_query: int,
    *,
    run_manager: Optional[CallbackManagerForChainRun] = None,
) -> List[Document]:
    # 第一轮检索：使用小文本块和对应的嵌入进行检索
    # 这里使用的是小块索引和小块嵌入
    first_retriever = self.get_retriever(
        docs_chunks=self.docs_index_small.documents,
        emb_chunks=self.embedding_chunks_small,
        emb_filter=None,
        k=self.first_retrieval_k,
        weights=self.retriever_weights,
    )
    first = first_retriever.get_relevant_documents(
        query, callbacks=run_manager.get_child()
    )

    # 清洗检索到的文档 ID，确保它们是有效的
    ids_clean = self.get_relevant_doc_ids(first, query)

    qa_chunks = {}
    if ids_clean and isinstance(ids_clean, list):
        source_md5_dict = {}
        # 遍历清洗后的文档 ID，并建立 MD5 到文档的映射关系
        for ids_c in ids_clean:
```

```python
        if ids_c < len(first):
            if ids_c not in source_md5_dict:
                source_md5_dict[first[ids_c].metadata["source_md5"]] = [
                    first[ids_c]
                ]

    # 如果没有合适的 MD5 映射, 则默认使用第一个文档
    if len(source_md5_dict) == 0:
        source_md5_dict[first[0].metadata["source_md5"]] = [first[0]]

    num_docs = len(source_md5_dict.keys())
    third_num_k = max(
        1,
        (
            int(
                (
                    MAX_LLM_CONTEXT
                    / (BASE_CHUNK_SIZE * CHUNK_SCALE)
                )
                // (num_docs * num_query)
            )
        ),
    )


    for source_md5, docs in source_md5_dict.items():
        # 根据源 MD5 获取第二轮的文本块
        second_docs_chunks = self.docs_index_small.retrieve_metadata(
            {
                "source_md5": (IndexerOperator.EQ, source_md5),
            }
        )
        # 第二轮检索
        second_retriever = self.get_retriever(
            docs_chunks=second_docs_chunks,
            emb_chunks=self.embedding_chunks_small,
            emb_filter={"source_md5": source_md5},
            k=self.second_retrieval_k,
            weights=self.retriever_weights,
        )
        second = second_retriever.get_relevant_documents(
            query, callbacks=run_manager.get_child()
        )
        docs.extend(second)
```

```python
# 获取用于第三轮检索的过滤器
docindexer_filter, chroma_filter = self.get_filter(
    self.num_windows, source_md5, docs
)

# 获取第三轮的文本块
third_docs_chunks = self.docs_index_medium.retrieve_metadata(
    docindexer_filter
)

# 第三轮检索
third_retriever = self.get_retriever(
    docs_chunks=third_docs_chunks,
    emb_chunks=self.embedding_chunks_medium,
    emb_filter=chroma_filter,
    k=third_num_k,
    weights=self.retriever_weights,
)
third_temp = third_retriever.get_relevant_documents(
    query, callbacks=run_manager.get_child()
)
third = third_temp[:third_num_k]

# 清除第三轮检索结果的文档内容
for doc in third:
    mtdata = doc.metadata
    mtdata["page_content"] = None

# 根据文件名将第三轮的结果归类
file_name = third[0].metadata["source"].split("/")[-1]
if file_name not in qa_chunks:
    qa_chunks[file_name] = third
else:
    qa_chunks[file_name].extend(third)

return qa_chunks
```

整个过程是一个分层的检索过程，首先在小文本块中进行粗略检索，然后在特定的源文档中进行更精确的检索，接着在中等文本块中进行最终的检索。这种分层的方法有助于提高检索的效率和准确性，因为它允许系统在更小的文档集上进行更精确的检索，从而减少了在大文档集上进行复杂检索所需的计算量。

5.3.3　方案优势

以下这些优势共同构成了该方案在文档处理方面的强大能力，使其能够灵活应对各种复杂的数据检索需求。

- ❑ **对大规模文档的高效支持**：在处理包含大量文档的知识库时，直接检索可能非常耗时。将文档切分为小块（chunk_small）更易于索引和检索，从而提高效率。
- ❑ **上下文信息保留**：小块中添加的窗口信息（add_window）确保在检索过程中不会丢失关键上下文。这对于跨多个小块分布的信息至关重要，可防止单个小块检索时信息遗漏。
- ❑ **检索效率提升**：将相邻小块合并为中等大小的块（chunk_medium），既保留了细粒度特性，又增添了更广泛的上下文。这种平衡提高了检索的效率和准确性，避免了大块导致的低效率和小块造成的信息不足。
- ❑ **灵活性与可配置性**：允许根据应用需求灵活配置参数，如块的大小、窗口大小和步长等，以实现性能与效果的最佳平衡。
- ❑ **多样化的检索策略支持**：多种大小的文本块和包含窗口信息的块使得可以根据查询需求选择合适的块进行检索，比如需要广泛上下文的查询可以使用中大型块，而需要快速响应的查询则可以使用小块。

这部分代码也包含在随书源码中，请大家务必在本地测试一遍，以理解这个过程。

好了，我们已经讨论完了有关 LangChain 中 RAG 技术的知识。接下来将转向智能代理的主题，这是大模型当前探索的前沿应用领域。

## 第 6 章

智能代理设计

当下，大模型探索热度最高的方向无疑是智能代理的应用。本章从智能代理的概念讲起，然后探索智能代理的关键组件，最后结合大模型技术带领大家实现一个自己的智能代理。

6.1　智能代理的概念

智能代理（agent，简称代理）是指能够自主感知环境并做出决策的实体。这一概念在人工智能领域中占据核心地位。它的发展经历了几个重要阶段。最早的智能代理设计简单，主要依赖预设的规则来处理信息。20 世纪 50 年代至 70 年代，基于符号主义的方法在模拟基础逻辑和执行简单任务方面取得了一定的成功，这个阶段的智能代理虽然能力有限，但为后来的发展奠定了基础。到了 20 世纪 80 年代和 90 年代，智能代理开始利用知识库和专家系统来处理更复杂的任务，这些实体能够模仿人类专家的思维过程，处理特定领域的问题，然而这些智能代理的水平仍然受限于它们的知识库，无法有效处理知识库之外的问题。随着 20 世纪 90 年代末机器学习的兴起，智能代理开始出现重大突破：从大量数据中学习，展现出更高级的理解和决策能力。到了 21 世纪初，随着深度学习技术的发展，智能代理的能力得到了极大的增强，它们不仅能处理复杂的模式识别任务（如图像识别和语音识别），还在某些领域（如棋类游戏中）展现出了超越人类的能力。

大模型以其广泛的应用性和强大的适应能力，正推动智能代理在知识工作领域实现全面的变革，脑力任务得以全自动化。这些模型不仅具备自我学习的能力，还掌握了丰富的知识，结合代理技术，正在带领我们进入新时代。

6.2 LangChain 中的代理

LangChain 通过代理组件和 LangGraph 库来开发不同复杂度的代理应用，用于支持社区开发者快速构建自己的智能代理。

6.2.1 LLM 驱动的智能代理

在深入探索 LangChain 中代理的工作机制之前，有必要了解一下 LLM 驱动的智能代理，它主要由三部分组成，如图 6-1 所示。

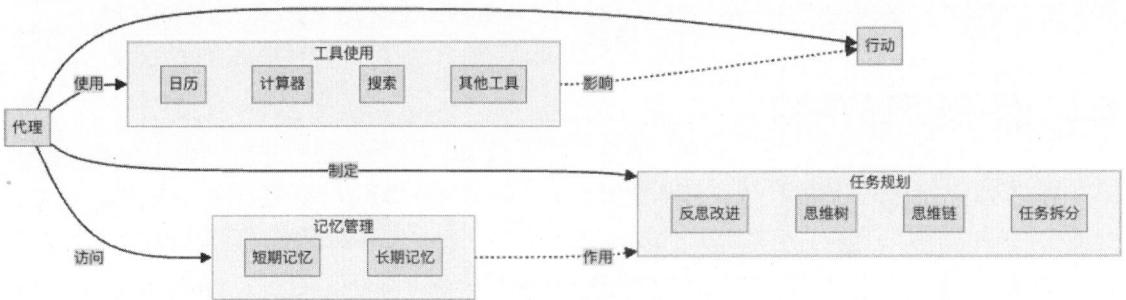

图 6-1　LLM 驱动的智能代理

- **任务规划**：智能代理根据当前的环境状态和目标制订行动计划。复杂任务无法一次性解决，而是需要拆分成多个并行或串行的子任务来解决。任务规划的目标是找到一条能够解决问题的最优路线，最常用的技巧是思维链和思维树。**思维链**（CoT）已成为增强复杂任务模型性能的标准提示技术，通过指示模型"一步一步思考"，将困难任务分解为更小、更简单的步骤。**思维树**通过在每一步探索多种推理可能性来扩展 CoT，它将问题分解为多个思考步骤，并在每个步骤中生成多个思考，从而创建树结构。搜索过程可以是广度优先搜索（BFS）或深度优先搜索（DFS），每个状态由分类器（通过提示词）或多数投票进行评估。**反思改进**允许智能代理通过完善过去的行动决策和纠正以前的错误来迭代改进，它在会出现试错的现实任务中发挥着至关重要的作用。

智能代理要想正常工作，任务拆分和规划是最为关键的一步，所以这也成了热门研究方向。下面简单介绍一下常见的思路。

- zero-shot（来自论文"Finetuned Language Models Are Zero-Shot Learners"）：在提示词中简单地加入"一步一步思考"，引导模型进行逐步推理。

- few-shot（来自论文"Language Models Are Few-Shot Learners"）：给模型展示解题过程和答案作为样例（如果只提供一个样例，又叫 one-shot），以引导其解答新问题。

- CoT（思维链，来自论文"Chain-of-Thought Prompting Elicits Reasoning in Large Language Models"）：思维链提示即将一个复杂的多步骤推理问题细化为多个中间步骤，然后将中间答案组合起来解决原问题。其有效性已在论文"Towards Revealing the Mystery behind Chain of Thought: A Theoretical Perspective"中得到验证。

- auto CoT（来自论文"Automatic Chain of Thought Prompting in Large Language Models"）：大模型在解题前自动从数据集中查询相似问题进行自我学习，但需要专门的数据集支持。

- meta CoT（来自论文"Meta-CoT: Generalizable Chain-of-Thought Prompting in Mixed-task Scenarios with Large Language Models"）：在 auto CoT 的基础上，先对问题进行场景识别，进一步优化自动学习过程。

- least-to-most（来自论文"Least-to-Most Prompting Enables Complex Reasoning in Large Language Models"）：该策略的核心是把复杂问题分解成若干简易子问题并依次解决，在处理每个子问题时，前一个子问题的解答有助于下一步求解。比如在提示词中加入："针对每个问题，首先判断是否需要分解成子问题。若不需要，则直接回答，否则拆分问题，再整合子问题的解答，以得出最优、最全面、最确切的答案。"启用大模型的思维模式，细化问题，从而获得更好的结果。

- self-consistency CoT（来自论文"Self-Consistency Improves Chain of Thought Reasoning in Language Models"）：在多次输出中选择投票最高的答案。自洽性利用了一个复杂推理问题通常有多种解决思路，但最终可以得到唯一正确答案的本质，提升了思维链在一系列常见的算术和常识推理基准测试中的表现，比如在提示词中加入"对于每个问题，你将提供 5 种想法，然后将它们结合起来，输出措辞最佳、最全面、最准确的答案"。

- ToT（tree of thoughts，思维树，来自论文"Tree of Thoughts: Deliberate Problem Solving with Large Language Models"）：构建一个树状结构来存储各步推理过程中产生的多个可能结果作为末梢节点。在进行状态评估以排除无效结果之后，基于这些末梢节点继续进行推理，从而发展出一棵树。接着，利用深度优先搜索或广度优先搜索算法连接这些节点，形成多条推理链。最终，将这些推理链提交至一个大模型以评估哪个结果最为合适。

- GoT（graph of thoughts，思维图谱，来自论文"Graph of Thoughts: Solving Elaborate Problems with Large Language Models"）：思维图谱将大模型的输出抽象成一个灵活的图结构，其中思考单元作为节点，节点间的连线代表依赖关系。这种方式模拟了人类解决问题的思维方式，它能合并多条推理链，自然回溯到有效的推理链，并行探索独立的推理链，从而增强了推理能力。
- multi-persona self-collaboration（来自论文"Unleashing Cognitive Synergy in Large Language Models: A Task-Solving Agent through Multi-Persona Self-Collaboration"）：模拟多个角色协作解决问题。

在这些技巧中，zero-shot、few-shot、least-to-most 和 self-consistency CoT 在提示层面易于应用且效果显著。对于想深入理解的读者，可以在 arXiv 网站上搜索相关关键词阅读原论文。

❑ 记忆管理：包括短期记忆管理和长期记忆管理，为智能代理提供知识和经验。**短期记忆**是指大模型能够意识到以及执行学习和推理等复杂认知任务所需的信息，受上下文窗口长度的限制；**长期记忆**是能够在长时间内保留和回忆的信息，以外部向量的形式存储，可通过快速检索进行访问。

❑ 工具使用：智能代理通过集成外部工具显著扩展其功能，例如调用搜索 API 获取最新信息、调用计算 API 进行数学运算、调用日历 API 安排日程等。LLM 首先访问 API 搜索引擎找到合适的 API 调用，然后使用相应的文档进行调用。

除此之外，对于多代理系统，还需要增加一个消息通信模块，用于代理之间的状态同步和所有代理之间的用户会话全局状态共享。

6.2.2 代理组件

有了上述背景知识，LangChain 中的代理组件就不难理解了。

代理是 LangChain 中的一个核心概念，它利用大模型来确定一系列操作的顺序和类型。与链不同，代理不是将操作硬编码在代码中，而是使用语言模型作为推理引擎，动态决定下一步的操作。代理的输入如下所述。

❑ **工具描述**：可用工具的详细信息。工具是代理可以调用的功能，设计工具时要确保代理能够正确使用它们，并以对代理最有帮助的方式进行描述。此外还有工具包——一组相关工具的集合，用于完成特定目标，比如 GitHub 工具包可能包含搜索、阅读文件和评论等工具。

❑ **用户输入**：用户的最终目标。

❑ **中间步骤**：上一步执行的操作和工具调用的结果输出（输出结果作为下一步要执行的操作的输入或者直接用作最终的用户响应）。

1. 代理执行器

代理执行器（`AgentExecutor`）可以理解为对代理运行时的封装，它负责调用代理、执行其选择的操作，并将结果反馈给代理。执行器会处理一些复杂的问题，如工具错误处理、日志记录等。下面的代码展示了代理执行器运行的核心机制：

```
next_action = agent.get_action(...)
while next_action != AgentFinish:
    observation = run(next_action)
    next_action = agent.get_action(..., next_action, observation)
return next_action
```

2. 构建代理

要构建一个代理，需要定义代理本身、自定义工具，并在自定义循环中运行代理和工具。这里有必要提前了解几个关键概念。

❑ `AgentAction`：这是一个数据类，存储代理决定执行的操作，主要包含两部分信息，其中 `tool` 表示代理将要调用的工具名称，`tool_input` 表示传递给这个工具的具体输入。

❑ `AgentFinish`：当代理完成任务并准备向用户返回结果时就使用这个数据类，它有一个 `return_values` 参数，该参数是一个字典，其 `output` 值表示要返回给用户的字符串信息。

❑ `intermediate_steps`：表示代理先前的操作及相应的结果。它是一个列表，其中的每个元素是一个包含 `AgentAction` 及其执行结果的元组，这些信息对于未来的决策非常重要，因为它能让代理了解到目前为止已经完成了哪些工作。

了解这些基础组件有助于我们更好地理解代理的工作过程。先来看看不使用外部工具的情况：

```
llm = ChatTongyi()
sentence = "'如何用 LangChain 实现一个代理' 这句话共包含几个不同的汉字"
print(llm.invoke(sentence))
```

模型输出 content=' 这句话共包含11 个不同的汉字。',这个回答明显是错误的。现在我们定义一个工具函数,用于确切获取句子中不同汉字的数量,同时将工具函数绑定到模型上:

```
from langchain.agents import tool
@tool
def count_unique_chinese_characters(sentence):
    """ 用于计算句子中不同汉字的数量 """
    unique_characters = set()

    # 遍历句子中的每个字符
    for char in sentence:
        # 检查字符是否是汉字
        if '\u4e00' <= char <= '\u9fff':
            unique_characters.add(char)

    # 返回不同汉字的数量
    return len(unique_characters)

# 将工具函数绑定到模型上
llm_with_tools = llm.bind(functions=[format_tool_to_openai_function(count_unique_chinese_
characters)])
```

接着构建一个代理,它将处理用户输入、模型响应及输出解析:

```
# 创建一个聊天提示词模板
prompt = ChatPromptTemplate.from_messages(
    [
        ("user", "{input}"),
        MessagesPlaceholder(variable_name="agent_output"),
    ]
)

# 初始化 DeepSeek 模型
llm = ChatDeepSeek(model="deepseek-chat", temperature=0.3)
# 构建一个代理,它将处理输入、提示词、模型响应和输出解析
agent = (
    {
        "input": lambda x: x["input"],
        "agent_output": lambda x: format_to_openai_function_messages(
```

```
            x["intermediate_steps"]
        ),
    }
    | prompt
    | llm_with_tools
    | OpenAIFunctionsAgentOutputParser()
)
```

最后按照前面讲的方式调用代理：

```
# 用于存储中间结果
intermediate_steps = []
while True:
    # 调用代理并处理输出
    output = agent.invoke(
        {
            "input": sentence,
            "intermediate_steps": intermediate_steps,
        }
    )
    # 检查是否完成处理，若完成便退出循环
    if isinstance(output, AgentFinish):
        final_result = output.return_values["output"]
        break
    else:
        # 打印工具名称和输入
        print(f" 工具名称： {output.tool}")
        print(f" 工具输入： {output.tool_input}")
        # 执行工具函数
        tool = {"count_unique_chinese_characters": count_unique_chinese_characters}[output.tool]
        observation = tool.run(output.tool_input)
        # 记录中间步骤
        intermediate_steps.append((output, observation))
# 打印最终结果
print(final_result)
```

现在来看最终的结果。显然，有了工具函数的支持，现在的答案已经没什么问题了：

```
工具名称： count_unique_chinese_characters
工具输入： {'sentence': ' 如何用 LangChain 实现一个代理 '}
'如何用 LangChain 实现一个代理' 这句话共包含 9 个不同的汉字。
```

如果每次这里的循环逻辑都需要自己写程序来管理，那就太麻烦了。幸好 LangChain 也考虑到了这一点，可利用 AgentExecutor 简化上述执行过程：

```
from langchain.agents import AgentExecutor
agent_executor = AgentExecutor(agent=agent, tools=[count_unique_chinese_characters],
verbose=True)
print(agent_executor.invoke({"input": sentence}))
```

下面显示了 AgentExecutor 的执行结果。当 verbose=True 时可以打印执行的中间过程：

```
> Entering new AgentExecutor chain...

Invoking: `count_unique_chinese_characters` with `{'sentence': '如何用 LangChain 实现一个代理'}`


9'如何用 LangChain 实现一个代理'这句话共包含 9 个不同的汉字。

> Finished chain.
{'input': ''如何用 LangChain 实现一个代理'这句话共包含几个不同的汉字', 'output': ''如何用
LangChain 实现一个代理'这句话共包含 9 个不同的汉字。'}
```

这样，一个最基本的代理就构建完成了，为大模型打补丁、扩展能力就是这么容易。但是利用 AgentExecutor 构建代理存在一个显著的问题：这种循环将所有决策和推理过程都委托给大模型，开发者只能被动观察执行过程，在任务整体达到 AgentFinish 状态之前，对开发者而言一切都是不可控的。然而，在构建实际应用时，特别是在对业务有重大影响的关键流程中，我们需要对代理进行更精细的控制，需要能够随时让人介入工作流，实现人机协同。

6.3 LangGraph 库

我们可能希望代理始终首先调用特定的工具，或者对特定工具的使用次数进行限制，又或者在特定情况下仅允许人工决策。LangGraph 正是这样一种工具，它不仅支持实时监控代理状态，还可以对代理行为进行细粒度的控制，无论是单一代理的简单任务，还是多代理协作的复杂工作流程，它都能够支持多种控制流程，如分层和序列化等机制，这使得它能够适应各种各样的任务需求。

LangGraph 一方面汲取社区开发者的智慧，一方面整合其他开源代理框架的优点，是构建代理工作流的理想选择。LangChain 官方也在逐渐放弃用代理组件构建代理，鼓励开发者使用更灵活的 LangGraph 库构建可靠的代理应用。

本节将结合案例对 LangGraph 库进行详细的介绍。

6.3.1 LangGraph 核心概念

LangGraph 是一个利用图论模型来构建代理工作流的框架，其设计灵感来自谷歌图算法引擎 Pregel。在这个框架中，工作流被表示为图，包括以下几个关键组件。

- 状态（state）：代表应用当前的快照，包括模式和归约函数，其中后者指定如何应用状态更新。
- 节点（node）：Python 函数，包含代理逻辑，接收当前状态作为输入，执行计算，并返回更新后的状态。
- 边（edge）：Python 函数，根据当前状态决定执行哪个节点，可以是条件分支，也可以表示普通的顺序流。

通过组合节点和边，可以创建复杂的、循环的工作流，而状态会随着时间的推移演化。

此外，LangGraph 提供了图的编译、持久化存储、会话管理、图迁移、配置、断点（包括动态断点）、子图、可视化和流式处理等功能，以支持更复杂的应用场景和开发需求。

1. 图

LangGraph 图就是对一个工作流程的抽象，由多个节点和边组成，其中节点是实际干活的地方（可以是 LLM 调用或普通 Python 函数），边负责传递消息，告诉结果该往哪里去。整个图的执行被分成一个个"超步"（super-step），就像流水线中的工作环节，每个超步内的节点可以同时工作（并行），不同超步之间的节点按顺序执行（串行）。

节点之间通过消息来沟通。一个节点完成工作后，会通过边把结果（消息）发给下一个节点，收到消息的节点会立刻开始它的工作。节点状态在一个超步周期内的变化如下。

(1) 初始状态为所有节点都在休息（inactive）。
(2) 收到消息后，节点变为活跃状态（active）。
(3) 节点在活跃状态下完成工作并将结果发送给下一个节点。
(4) 超步结束时，如果没有收到新消息，节点会举手表示要休息（vote to halt）。
(5) 系统将举手的节点标记为休息状态。
(6) 节点最终返回到初始的休息状态。

最终当所有节点都在休息状态且没有消息在传递时，整个流程结束。

这种设计可以自然地处理并行任务，一方面通过消息传递使节点之间解耦，另一方面也容易理解和追踪工作流程，整体灵活性强，可以构建各种复杂的工作流。这就像一个有序的协作系统，大家都知道自己该做什么、什么时候该做、做完后该把结果交给谁，最终共同完成一个大的任务。

在使用图之前，必须对其进行编译操作：

```
graph = graph_builder.compile(...)
```

编译的目的是将当前的图结构（如节点、边和分支）转换成一个"已编译"的计算图，即 CompiledGraph 对象，从而在实际运行时更高效地处理图中各节点的执行顺序和数据流。代码如下所示：

```python
def compile(
    self,
    checkpointer: Checkpointer = None,
    interrupt_before: Optional[Union[All, list[str]]] = None,
    interrupt_after: Optional[Union[All, list[str]]] = None,
    debug: bool = False,
) -> "CompiledGraph":
    # 通过调用 self.validate，确保图结构的完整性
    self.validate(
        interrupt=(
            (interrupt_before if interrupt_before != "*" else []) + interrupt_after
            if interrupt_after != "*"
            else []
        )
    )
    # 创建空的编译后的图
    compiled = CompiledGraph(
        builder=self,
        nodes={},
        channels={START: EphemeralValue(Any), END: EphemeralValue(Any)},
        input_channels=START,
        output_channels=END,
        stream_mode="values",
        stream_channels=[],
        checkpointer=checkpointer,
        interrupt_before_nodes=interrupt_before,
        interrupt_after_nodes=interrupt_after,
        auto_validate=False,
        debug=debug,
```

```
    )
    # 添加节点、边和分支
    for key, node in self.nodes.items():
        compiled.attach_node(key, node)
    for start, end in self.edges:
        compiled.attach_edge(start, end)
    for start, branches in self.branches.items():
        for name, branch in branches.items():
            compiled.attach_branch(start, name, branch)
    # 验证编译后的图
    return compiled.validate()
```

compile 执行了以下操作。

(1) 验证图结构：通过调用 self.validate，确保图结构的完整性，并在 interrupt_before 和 interrupt_after 条件下进行验证。

(2) 构建 CompiledGraph 对象：创建一个空的 CompiledGraph，它继承了图构建器的节点、通道和其他必要配置。

(3) 添加节点、边和分支：通过 attach_node 将各个节点附加到 CompiledGraph 上，并设定其执行顺序和输出；使用 attach_edge 来连接节点，定义它们之间的依赖关系；通过 attach_branch 定义多个路径，实现条件性执行或选择性数据流。

(4) 验证 CompiledGraph：通过 compiled.validate() 再次验证已编译的图的完整性和正确性，以便最终返回一个符合规范的 CompiledGraph 对象。

通过 compile，图的结构可以被有效"编译"成更易执行的图对象，适合在运行时高效地管理数据流和节点的执行顺序，它实际上也是 Runnable 对象。

2. 状态

状态是整个 LangGraph 图工作的基础，它包含两个关键部分。

第一个关键部分是模式（Schema），定义了图中数据的结构和类型，作为所有节点和边的输入，可以用 TypedDict 或 Pydantic 模型来表示。下面是一个最简单的状态定义。

```
class State(TypedDict):
    user_input: str          # 用户输入
    conversation: list[str] # 对话历史
result: str                 # 处理结果
```

值得一提的是，为了让节点间的通信更灵活，LangGraph 图支持三种类型的状态模式。

- ❏ **共享模式**：所有节点共享同一个状态，它们将读取并写入相同的消息通道。
- ❏ **私有模式**：部分节点之间约定的状态，它们有自己的私有消息通道。
- ❏ **内部模式**：包含与图操作相关的所有状态键，基于此可以约束图的输入和输出。

第二个关键部分是归约函数（Reducer），指定如何将节点的更新应用到状态上。每个状态键都有独立的归约函数，如果不指定，则默认是覆盖更新。对于处理消息类型的数据，LangGraph 提供了专门的 MessagesState 基类和 add_messages 归约函数，使得处理对话历史更加方便。以下是几种常见场景：

```
class StateWithReducers(TypedDict):
    # 默认归约：覆盖更新
    simple_value: int
    # 使用 add 归约函数：列表拼接
    history: Annotated[list[str], add]
    # 使用 add_messages 归约函数：专门处理消息对象
    messages: Annotated[list[AnyMessage], add_messages]
```

3. 节点

节点是 LangGraph 中的基本处理单元，本质上是 Python 函数（支持同步或异步），第一个位置参数必须是状态（state），可选的第二个位置参数是配置（config）。节点函数会被自动转换为 RunnableLambda，支持批处理和异步操作。节点的返回值会作为状态更新，只需包含要更新的字段。

LangGraph 提供两个特殊节点用于控制数据流：START 用于标记图的起始节点，END 用于标记图的终止节点。向图中添加节点有两种方式。

- ❏ 直接显式指定节点名。

```
builder.add_node("process_data", process_node)
```

- ❏ 使用函数名作为节点名，节点名将是"process_node"。

```
builder.add_node(process_node)
```

最后的完整示例如下：

```
# 定义状态
class State(TypedDict):
    input: str
```

```
    result: str
# 定义节点
def validate_input(state: dict):
    return {"input": state["input"].strip()}

def process_data(state: dict, config: RunnableConfig):
    user_id = config["configurable"]["user_id"]
    return {"result": f" 用户 {user_id} 的输入 '{state['input']}' 已处理 "}

# 构建图
builder = StateGraph(State)
# 添加节点
builder.add_node("validate", validate_input)
builder.add_node("process", process_data)

# 添加边
builder.add_edge(START, "validate")
builder.add_edge("validate", "process")
builder.add_edge("process", END)

# 编译和使用
graph = builder.compile()
result = graph.invoke(
    {"input": " 测试数据 "},
    {"configurable": {"user_id": "123"}})
)
```

上述流程构建的计算图如图 6-2 所示。

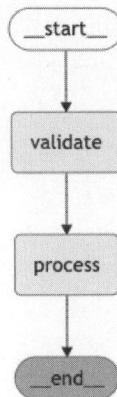

图 6-2　LangGraph 图示意

以上就是 LangGraph 中节点的基本概念，它们共同构建了数据处理的流程。

4. 边

边定义了图中数据的流动路径和逻辑分支。边主要有四种类型。

❑ **普通边**：直接从一个节点连接到另一个节点，node_a 处理完后一定会执行 node_b。

```
builder.add_edge("node_a", "node_b")
```

❑ **条件边**：根据路由函数决定下一个执行的节点。

```
def route_logic(state: State):
    if state["score"] > 90:
        return "high_priority"
    else:
        return "normal_priority"


# 直接使用返回值作为下一个节点
builder.add_conditional_edges("check_score", route_logic)
# 使用映射字典定义路由规则
builder.add_conditional_edges(
    "check_score",
    route_logic,
    {True: "approve", False: "reject"}
)
```

❑ **入口边**：定义图的起始节点。

```
builder.add_edge(START, "validate_input")
```

❑ **条件入口边**：根据条件选择不同的入口节点。

```
def entry_route(state: dict):
    if state.get("emergency"):
        return "urgent_handler"
    return "normal_handler"
builder.add_conditional_edges(START, entry_route)
```

一个节点可以有多条出边，这些边会在下一个超步中并行执行，这样的边系统让 LangGraph 能够灵活处理具有条件分支的流程。

5. 子图

子图本质上是一种封装机制，允许将一个完整的图作为节点嵌入到另一个图中。这种机制主要用于在构建多代理系统时，在多个图中复用节点集合，同时支持团队协作时独立开发不同的部分。

直接将编译后的子图作为节点最为简单，但需要确保子图与父图的状态共享至少一个键，以方便通信。在下面的例子中，父图和子图共享键 shared_data，使得父图可以直接调用编译的子图而无须转换：

```python
# 父图和子图共享状态键
class ParentState(TypedDict):
    shared_data: str
    parent_data: str
class SubState(TypedDict):
    shared_data: str  # 共享键
    sub_data: str
# 定义子图
def process_in_sub(state: SubState):
    return {"shared_data": f"处理: {state['shared_data']}"}
sub_builder = StateGraph(SubState)
sub_builder.add_node("process", process_in_sub)
sub_graph = sub_builder.compile()
# 在父图中使用子图
parent_builder = StateGraph(ParentState)
parent_builder.add_node("sub_process", sub_graph)  # 直接添加编译后的子图
```

如果未共享键，则应使用函数调用的方式：

```python
# 父图和子图使用不同的状态模式
class ParentState(TypedDict):
    input_data: str
    result: str
class SubState(TypedDict):
    sub_input: str  # 完全不同的键
    sub_output: str
# 定义子图
def sub_process(state: SubState):
    return {"sub_output": f"子图处理: {state['sub_input']}"}
sub_builder = StateGraph(SubState)
sub_builder.add_node("process", sub_process)
sub_graph = sub_builder.compile()
```

```
# 创建调用子图的函数
def call_subgraph(state: ParentState):
    # 转换状态到子图格式
    sub_result = sub_graph.invoke({
        "sub_input": state["input_data"]
    })
    # 转换结果回父图格式
    return {"result": sub_result["sub_output"]}
# 在父图中使用子图
parent_builder = StateGraph(ParentState)
parent_builder.add_node("sub_process", call_subgraph)
```

通过子图概念，LangGraph 提供了模块化和可复用的构图方式，使得复杂系统的设计更清晰、易于管理。

6. 图迁移

在 LangGraph 中，图迁移指的是对图定义（节点、边和状态）的变更，即使是在使用检查点记录状态的情况下，LangGraph 也能够灵活地处理这些更改。

对未被中断的线程，可以更改图的整个拓扑结构，包括所有节点和边的增删、重命名等。对已结束的会话，这种更改不会带来状态冲突。对正在中断的线程，支持大部分拓扑变更，但不支持节点的重命名或删除，因为中断的线程可能会进入一个已不存在的节点。

LangGraph 通过这些机制为图结构和状态的演化提供了灵活性，使图的维护和升级更为简单，适合不断发展的复杂应用场景。

7. Send 对象

在 LangGraph 中，节点和边通常在构建时提前定义，且操作在同一个共享状态上。然而，有些情况下，图的具体边结构在构建时可能并不完全确定，或者需要多个不同版本的状态并存。例如，在 Map-Reduce 设计模式中，一个节点生成对象列表，然后将另一个节点应用到所有这些对象上。在这种情况下，对象的数量可能无法提前确定（也就是边的数量未知），且需要针对每个生成的对象为下游节点提供不同的输入状态。

为了支持这种模式，LangGraph 提供了 Send 对象来创建条件边，允许动态生成边，并将特定状态传递给对应的节点。Send 对象接收两个参数：第一个参数是节点名称，第二个参数是要传递给该节点的状态。以下示例展示了如何使用条件边与 Send 对象实现动态边和状态传递：

```
def continue_to_jokes(state: OverallState):
    # 为 state['subjects'] 中的每个主题创建一个 Send，传递给节点 "generate_joke"
    return [Send("generate_joke", {"subject": s}) for s in state['subjects']]
# 添加条件边，根据 continue_to_jokes 函数动态生成边和状态
graph.add_conditional_edges("node_a", continue_to_jokes)
```

在此示例中，continue_to_jokes 函数会根据输入状态 OverallState 中的 subjects 列表生成多个 Send 对象，每个对象代表一条指向 "generate_joke" 节点的边，并携带该主题的状态。

通过这种方式，LangGraph 实现了灵活的动态边和多状态传递，使得图可以根据运行时数据动态扩展边和状态，适合处理复杂的分布式任务或并行计算模式。

8. 检查点

检查点（checkpoint）在 LangGraph 中代表图状态的快照，每个超步都会保存一个检查点。每个检查点由 StateSnapshot 对象表示，其中包含以下关键属性。

- ❑ config：与此检查点关联的配置。
- ❑ metadata：有关此检查点的元数据。
- ❑ values：状态通道的当前值。
- ❑ next：一个包含下一步将在图中执行的节点的名称集合。
- ❑ tasks：一个包含 PregelTask 对象的元组，记录下一步要执行的任务信息。如果某一步之前尝试过但失败了，tasks 将包含错误信息；如果某个节点中断了图的执行，tasks 还将包含与中断相关的数据。

检查点会记录图执行的每一步状态。LangGraph 允许通过 get_state 方法查看图的最新状态，并可以通过 get_state_history 方法按时间顺序查看特定线程的执行历史。此外，LangGraph 还可以利用检查点重放先前的执行，并允许在指定的检查点进行图状态更新。

9. 线程

线程（thread）代表用户与图之间的独立会话。在启用检查点功能时，同一会话中的各个轮次（甚至是图执行过程中的单个超步）都通过唯一的线程 ID 进行标识。每个线程代表一轮独立的会话，将不同用户的交互分开处理，以确保数据不会相互干扰。通过唯一的线程 ID，可以记录并回溯同一会话中的状态变化，使得系统可以在会话的不同阶段保存或恢复状态。在图的执行过程中，线程 ID 允许对关键步骤设置检查点，以便在图的运行中断或出现异常时从最近的状态继续执行。

以上都是组成 LangGraph 的核心概念，只有深刻理解并掌握这些功能，才能使用 LangGraph 构建出出色的代理应用。

6.3.2 LangGraph 代理能力

LangGraph 正是通过组合上述核心功能，实现了状态控制、记忆管理、人机协同和自省等代理应用能力，下面进行详细探讨。

1. 状态控制

在前面的核心概念介绍中大家已经初步了解了检查点和线程，而 LangGraph 对代理状态的控制能力也正源于此。LangGraph 通过检查点提供了一个内置的持久化层，支持在每个超步保存图状态的快照，并将其保存到线程中，从而实现了人工干预、记忆、时间旅行和容错等高级功能。

首先，我们定义一个简单的状态图：

```python
class State(TypedDict):
    foo: str
    bar: Annotated[list[str], add]
def node_a(state: State):
    return {"foo": "a", "bar": ["a"]}
def node_b(state: State):
    return {"foo": "b", "bar": ["b"]}
builder = StateGraph(State)
builder.add_node(node_a)
builder.add_node(node_b)
builder.add_edge(START, "node_a")
builder.add_edge("node_a", "node_b")
builder.add_edge("node_b", END)

checkpointer = MemorySaver()
graph = builder.compile(checkpointer=checkpointer)
config = {"configurable": {"thread_id": "1"}}
graph.invoke({"foo": ""}, config)
```

接着可以浏览整个线程的历史，并通过打印状态快照来查看每个步骤的详细信息：

```python
state_history = list(graph.get_state_history(config))
for snapshot in state_history:
    print(snapshot)
```

输出如下：

```
StateSnapshot(values={'bar': []}, next=('__start__',), config={'configurable': {'thread_
id': '1', 'checkpoint_ns': '', 'checkpoint_id': '1ef96c6f-4a83-68d6-bfff-f9312f97a8b0'}},
metadata={'source': 'input', 'writes': {'__start__': {'foo': ''}}, 'step': -1,
'parents': {}}, created_at='2024-10-30T13:57:52.413098+00:00', parent_config=None,
tasks=(PregelTask(id='1a8c1b1c-2626-58e7-2212-46f3f9644d68', name='__start__', path=('__
pregel_pull', '__start__'), error=None, interrupts=(), state=None, result={'foo': ''}),))

StateSnapshot(values={'foo': '', 'bar': []}, next=('node_a',), config={'configurable':
{'thread_id': '1', 'checkpoint_ns': '', 'checkpoint_id': '1ef96c6f-4a84-6952-8000-
6bc71d272c9b'}}, metadata={'source': 'loop', 'writes': None, 'step': 0, 'parents': {}},
created_at='2024-10-30T13:57:52.413518+00:00', parent_config={'configurable': {'thread_
id': '1', 'checkpoint_ns': '', 'checkpoint_id': '1ef96c6f-4a83-68d6-bfff-f9312f97a8b0'}},
tasks=(PregelTask(id='3c2f8059-8d0d-9755-1f45-9b24a048b5ce', name='node_a', path=('__
pregel_pull', 'node_a'), error=None, interrupts=(), state=None, result={'foo': 'a', 'bar':
['a']}),))

StateSnapshot(values={'foo': 'a', 'bar': ['a']}, next=('node_b',), config={'configurable':
{'thread_id': '1', 'checkpoint_ns': '', 'checkpoint_id': '1ef96c6f-4a85-6546-8001-
2a071283a5d9'}}, metadata={'source': 'loop', 'writes': {'node_a': {'foo': 'a', 'bar':
['a']}}, 'step': 1, 'parents': {}}, created_at='2024-10-30T13:57:52.413823+00:00', parent_
config={'configurable': {'thread_id': '1', 'checkpoint_ns': '', 'checkpoint_id': '1ef96c6f-
4a84-6952-8000-6bc71d272c9b'}}, tasks=(PregelTask(id='e96a266b-8aed-a877-06a8-f2b1d4ead3e9',
name='node_b', path=('__pregel_pull', 'node_b'), error=None, interrupts=(), state=None,
result={'foo': 'b', 'bar': ['b']}),))

StateSnapshot(values={'foo': 'b', 'bar': ['a', 'b']}, next=(), config={'configurable':
{'thread_id': '1', 'checkpoint_ns': '', 'checkpoint_id': '1ef96c6f-4a85-6e88-8002-
2e2016ba7ebd'}}, metadata={'source': 'loop', 'writes': {'node_b': {'foo': 'b', 'bar':
['b']}}, 'step': 2, 'parents': {}}, created_at='2024-10-30T13:57:52.414061+00:00', parent_
config={'configurable': {'thread_id': '1', 'checkpoint_ns': '', 'checkpoint_id': '1ef96c6f-
4a85-6546-8001-2a071283a5d9'}}, tasks=())
```

运行图之后，会看到恰好有四个状态快照，表示代理执行过程的历史记录。

❑ 第 1 个快照：初始值 {'bar': []} 和下一个执行节点 START。

❑ 第 2 个快照：用户输入和初始值 {'foo': '', 'bar': []} 以及下一个执行节点 node_a。

❑ 第 3 个快照：node_a 的输出 {'foo': 'a', 'bar': ['a']} 和下一个执行节点 node_b。

❑ 第 4 个快照：node_b 的输出 {'foo': 'b', 'bar': ['a', 'b']}，没有下一个执行节点。

也可以根据检查点 ID 选择回到任何一个状态，并从那里重新启动代理：

```
config = {"configurable": {"thread_id": "1", "checkpoint_id": "1ef96c6f-4a85-6546-8001-
    2a071283a5d9"}}
checkpoint_snapshot = graph.get_state(config)
```

这允许代理从它离开的地方继续执行：

```
graph.invoke(inputs, config=config)
```

利用 LangGraph 的检查点功能，不仅可以重放过去的状态，还可以从以前的位置创建分支，让代理探索另一种路径，或者让用户进行工作流程的版本控制。

除此之外，还可以使用 update_state 方法对图的状态进行动态更新。此方法接收三个参数。

❑ config：包含需要更新的线程 ID，或可选的特定检查点 ID。

❑ values：用于更新状态的值。当状态键设置归约函数时，根据函数规则追加数据，否则直接覆盖原值。示例如下：

```
class State(TypedDict):
    foo: int
    bar: Annotated[list[str], add]
# 图的当前状态
{"foo": 1, "bar": ["a"]}
# 更新状态
graph.update_state(config, {"foo": 2, "bar": ["b"]})
# 图的新状态
{"foo": 2, "bar": ["a", "b"]}
```

❑ as_node：指定更新来自的节点。示例如下：

```
config = {"configurable": {"thread_id": "1"}}
graph.update_state(config, {"foo": 3, "bar": ["d"]}, as_node="node_b")
```

通过这些机制，LangGraph 提供了对代理执行过程强大的状态控制能力，实现了对图执行路径的灵活管理、状态的动态更新与历史回放，从而确保了代理操作的可调试性和稳定性。

2. 记忆管理

LangGraph 的记忆分为短期记忆和长期记忆两种类型。短期记忆是针对单个会话的，可以在该会话的上下文中随时被调用。LangGraph 将短期记忆作为代理状态的一部分进行管理，并通过检查点的方式持久化到数据库中，以便随时恢复会话。短期记忆会在每次调用图或完成超步时进行更新，并在每个超步开始时读取。

下面是一段简单的示例代码，展示了如何在 LangGraph 中管理短期记忆：

```
class State(TypedDict):
    messages: Annotated[list(AnyMessage), add_messages]
def my_node_1(state: State):
    # 添加一条 AI 消息到 messages 列表
    return {"messages": [AIMessage(content=" 你好 ")]}
def my_node_2(state: State):
    # 从 messages 列表中删除除最后两条以外的所有消息
    delete_messages = [RemoveMessage(id=m.id) for m in state['messages'][:-2]]
    return {"messages": delete_messages}
```

在上面的示例中，归约函数 add_messages 允许我们将新消息追加到 messages 状态键中，如 my_node_1。当遇到 RemoveMessage 时，它会从列表中删除具有该 ID 的消息（而 RemoveMessage 本身也会被丢弃），这样可以有效地管理长对话的会话历史。

长期记忆则是跨会话线程共享的，可以在任何时间和任何线程中被调用。这些记忆被划分到自定义的命名空间（namespace）中，而不局限于单个线程 ID。LangGraph 提供了存储的概念，让你可以保存和调用长期记忆。

下面是一段简单的示例代码，展示了如何在 LangGraph 中管理长期记忆：

```
from langgraph.store.memory import InMemoryStore
# InMemoryStore 将数据保存到内存中
store = InMemoryStore()
user_id = "123"
app_context = "chat_context"
namespace = (user_id, app_context)
# 保存一个记忆
store.put(namespace, "memory", {"爱好": ["莫尔索喜欢编程", "莫尔索喜欢写作"], "职业": "程序员"})
# 通过 ID 获取记忆
item = store.get(namespace, "memory")
# 搜索该命名空间下的所有记忆，并根据内容过滤
items = store.search(namespace, filter={"职业": "程序员"})
```

管理长期记忆时，需要考虑几个关键问题。

- ❑ **记忆的类型**：是事实、经验还是规则？不同类型的记忆可能需要不同的管理方式。
- ❑ **记忆的写入策略**：是在用户交互的同时记录记忆，以便于即时存取和更新，还是将记忆生成作为后台任务执行，以避免应用延迟，同时方便管理批量记忆更新？
- ❑ **记忆的存储方式**：是使用单一的、不断更新的"档案"形式，还是使用一组不断更新和扩展的记忆集合？前者更统一，后者更灵活。

LangGraph 的记忆管理通过短期记忆和长期记忆的合理分配，以及灵活的写入策略，使代理在长期交互中保持一致性与个性化，有助于构建更加智能和贴近用户需求的智能代理应用。

3. 人机协同

LangGraph 通过审批、编辑和输入三种常见的用户交互模式来增强代理的能力，这些模式被称为"人机协同"（human in the loop，简称 HITL）。审批模式表示可以中断代理，将当前状态呈现给用户，并允许用户接受或拒绝代理的行动；编辑模式允许用户编辑代理的状态；在输入模式下，可以专门创建一个图节点来收集人类输入，并将该输入直接传递给代理状态。

这些交互模式可以用于中断代理以审查和编辑工具调用的结果、手动回放或分叉代理的过去行为等应用场景。这些交互模式都依赖于 LangGraph 内置的持久化层，即之前的检查点功能，允许图停止执行，以便人类审查或编辑当前的图状态，然后从人类的输入恢复执行。

下面是一个代码示例，演示了如何在 LangGraph 中实现这些交互模式：

```
# 使用检查点和在 "step_for_human_in_the_loop" 节点前设置中断点来编译图
graph = builder.compile(checkpointer=checkpoitner, interrupt_before=["step_for_human_in_
    the_loop"])

# 运行图直到中断点
thread_config = {"configurable": {"thread_id": "1"}}
for event in graph.stream(inputs, thread_config, stream_mode="values"):
    print(event)
# 执行需要人机协同的操作
# 从当前检查点继续图的执行
for event in graph.stream(None, thread_config, stream_mode="values"):
    print(event)
```

上面的代码演示了如何在图中设置中断点，以便在执行到特定节点时暂停并等待人工输入。

人机协同的另一个重要应用是对工具调用进行审核。我们可以在调用工具之前中断图执行，让用户检查工具调用的正确性和敏感性，然后决定是否批准执行。

```
# 编译图，在 "human_review" 节点处设置中断点
graph = builder.compile(checkpointer=checkpoitner, interrupt_before=["human_review"])
# 运行图直到中断点
for event in graph.stream(inputs, thread, stream_mode="values"):
    print(event)

# 让用户审核工具调用，并在需要时进行更新
graph.update_state(thread, {"tool_call": "updated tool call"}, as_node="human_review")
# 从更新后的检查点继续图的执行
for event in graph.stream(None, thread, stream_mode="values"):
    print(event)
```

LangGraph 提供了丰富的人机协同功能，涵盖了审批、编辑、输入等常见交互模式，并支持动态中断点和时间旅行等高级特性。这些功能不仅增强了代理的能力，也为开发者提供了有效的调试和反馈机制，有助于构建更加可靠和透明的代理应用。

4. 自省能力

自省是一种重要的代理能力，它通过评估任务的完成度和正确性、提供反馈用于迭代改进以及实现自我修正学习三个方面，显著提高代理的可靠性。这种自省机制并不局限于基于 LLM 的方法，也可以使用确定性的方法。例如，在编码任务中，编译错误可以作为反馈，帮助代理进行自我修正。

LangGraph 使用 `MessageGraph` 就可以实现初级的自省能力，比如要求代理完成一个写作任务时，它不会仅仅生成一个答案就结束，而是会像一个认真的作者一样，反复审视和完善自己的作品。这个过程可以通过以下代码实现：

```
builder = MessageGraph()
def generation_node(messages: List[BaseMessage]) -> BaseMessage:
    # 生成初始响应
    response = "这是一个初始回答……"
    return BaseMessage(content=response)

def reflection_node(messages: List[BaseMessage]) -> BaseMessage:
    # 分析最后一个回答并提供反思
    last_response = messages[-1].content
```

```
    reflection = f" 对于回答 '{last_response}' 的分析……"
    return BaseMessage(content=reflection)
builder.add_node("generate", generation_node)
builder.add_node("reflect", reflection_node)
```

这里的关键在于两个核心节点：generation_node 负责产生内容，而 reflection_node 则扮演一个内部评论家的角色，仔细审视每一个输出。

但是，实现真正的自省不仅仅是简单的生成和反思的循环，而是需要让这个过程能够优雅地结束，并且能够基于反思来改进。这就需要添加一些控制逻辑：

```
def should_continue(state: List[BaseMessage]) -> str:
    if len(state) > 6:  # 最多 3 轮反思
        return END
return "reflect"
builder.add_conditional_edges("generate", should_continue)
builder.add_edge("reflect", "generate")
builder.set_entry_point("generate")
```

这个控制逻辑确保了反思过程不会无限地进行，同时也建立了一个完整的反馈循环：生成→反思→改进→再生成。在每一轮循环中，大模型都会基于之前的反思来优化其输出。

但在更复杂的场景中，可能需要更强大的自省机制。这就是 Reflexion 模式发挥作用的地方。在这种模式下，反思不再仅仅依赖于内部评估，而是可以引入外部知识或验证：

```
class ReflexionState(TypedDict):
    messages: List[BaseMessage]
    search_results: List[str]
    iterations: int
class ReflexionNode:
    def __init__(self, llm, search_tool):
        self.llm = llm
        self.search_tool = search_tool
    def reflect(self, state: ReflexionState) -> BaseMessage:
        last_response = state["messages"][-1].content
        # 使用外部工具验证
        search_results = self.search_tool.search(last_response)
        # 基于搜索结果进行更深入的反思
        reflection_prompt = f"""
        基于以下搜索结果，评估最后的回答:
        搜索结果: {search_results}
```

```
        原始回答: {last_response}
        """
        reflection = self.llm.predict(reflection_prompt)
        return BaseMessage(content=reflection)
builder.add_conditional_edges("generate", should_continue)
builder.add_edge("reflect", "generate")
builder.set_entry_point("generate")
```

这种增强型的反思机制让大模型不仅仅依赖自身的"知识",还能通过外部工具来验证和补充其答案。比如,在回答专业问题时,它可以查询最新的研究文献或技术文档来确保答案的准确性。

通过利用这些自省特性,LangGraph 能够开发出支持复杂特定任务的代理,并使代理能够评估自身行为,主动进行调整和学习,从而大大提高可靠性和适应性。

6.3.3 使用 LangGraph 构建代理应用

学习完基础理论部分,接下来使用 LangGraph 实现两个热门的代理应用。

1. 代码助手

代码助手是当下最热门的 LLM 应用之一,它不仅能够智能生成代码,还具备自我修正的能力,能基于 RAG 技术,提供更加精准的上下文相关代码建议,确保所生成的代码片段高度贴合项目需求。此外,通过集成自动化测试与修正功能,代码助手能显著提升代码质量,帮助开发者快速发现并解决潜在问题,有效地减轻了开发人员在编码过程中的负担,极大地提升了整体开发效率。

下面使用 LangGraph 构建可控的代理工作流,实现代码生成、测试和修正的闭环。

工作流步骤包括:接收用户问题、基于 RAG 检索相关文档、生成代码解决方案、执行代码测试、根据需要进行迭代修正。

首先定义了两个参数。

❑ max_iterations:最大尝试次数,默认为 3。
❑ flag:是否进行错误反思,默认设置为 "no reflect"。

接着定义节点。

- generate：生成代码的函数。它接收当前的图状态，然后调用 code_gen_chain 来生成代码，并更新状态。
- code_check：检查代码的函数。它同样接收当前的图状态，执行代码以检查是否有错误，并根据结果更新状态。
- reflect：反思错误的函数。如果 flag 被设置为 "reflect"，则会调用此函数来生成对错误的反思，并更新状态。

```python
def generate(state: GraphState):
    # 状态
    messages = state["messages"]
    iterations = state["iterations"]
    error = state["error"]
    # 路由返回时的状态包括了错误信息
    if error == "yes":
        messages += [
            (
                "user",
                "现在，再试一次。调用代码工具以结构化输出，包括前缀、导入和代码块：",
            )
        ]
    # 解决方案
    code_solution = code_gen_chain.invoke(
        {"context": concatenated_content, "messages": messages}
    )
    messages += [
        (
            "assistant",
            f"{code_solution.prefix} \n 导入: {code_solution.imports} \n 代码:
                {code_solution.code}",
        )
    ]
    # 增量
    iterations = iterations + 1
    return {"generation": code_solution, "messages": messages, "iterations": iterations}
def code_check(state: GraphState):
    """
    检查代码
    """
    # 状态
    messages = state["messages"]
    code_solution = state["generation"]
```

```
    iterations = state["iterations"]
    # 获取解决方案组件
    imports = code_solution.imports
    code = code_solution.code
    # 检查导入
    try:
        exec(imports)
    except Exception as e:
        print("--- 代码导入检查：失败 ---")
        error_message = [("user", f" 你的解决方案导入测试失败：{e}")]
        messages += error_message
        return {
            "generation": code_solution,
            "messages": messages,
            "iterations": iterations,
            "error": "yes",
        }
    # 检查执行
    try:
        exec(imports + "\n" + code)
    except Exception as e:
        print("--- 代码块检查：失败 ---")
        error_message = [("user", f" 你的解决方案代码执行测试失败：{e}")]
        messages += error_message
        return {
            "generation": code_solution,
            "messages": messages,
            "iterations": iterations,
            "error": "yes",
        }
    # 无错误
    return {
        "generation": code_solution,
        "messages": messages,
        "iterations": iterations,
        "error": "no",
    }
def reflect(state: GraphState):
    # 状态
    messages = state["messages"]
    iterations = state["iterations"]
    code_solution = state["generation"]
    # 添加反思
    reflections = code_gen_chain.invoke(
```

```
        {"context": concatenated_content, "messages": messages}
    )
    messages += [("assistant", f" 这里是对错误的反思：{reflections}")]
    return {"generation": code_solution, "messages": messages, "iterations": iterations}
```

最后再定义边 decide_to_finish，这是决定是否结束流程的函数。它基于当前的错误状态和尝试次数来决定是结束流程还是重新尝试解决方案。

```
def decide_to_finish(state: GraphState):
    """
    确定是否完成
    """
    error = state["error"]
    iterations = state["iterations"]
    if error == "no" or iterations == max_iterations:
        print("--- 决策：完成 ---")
        return "end"
    else:
        print("--- 决策：重试解决方案 ---")
        if flag == "reflect":
            return "reflect"
        else:
            return "generate"
```

最后对上述的边和节点进行组合，形成最终的图：

```
builder = StateGraph(GraphState)
builder.add_node("gen_code", generate) # 生成解决方案
builder.add_node("check_code", code_check) # 检查代码
builder.add_node("reflect_code", reflect) # 反思
builder.add_edge(START, "gen_code")
builder.add_edge("gen_code", "check_code")
builder.add_conditional_edges(
"check_code",
decide_to_finish,
{
    "end": END,
    "reflect": "reflect_code",
    "regenerate": "gen_code",
},
)
builder.add_edge("reflect_code", "gen_code")
graph = builder.compile()
```

最终的代码助手工作流如图 6-3 所示。

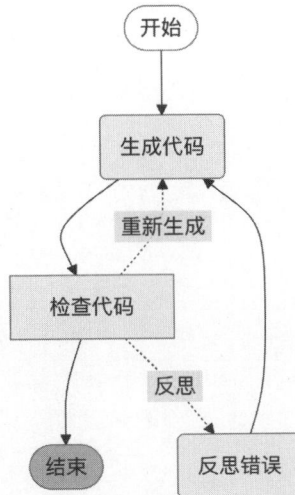

图 6-3 代码助手工作流

LangGraph 代码助手通过循环和自我修正机制来提高代码生成的准确性，如果生成的代码有错误，它会根据错误信息重新生成代码，直到代码正确或达到最大尝试次数。这个工具特别适合需要自动化代码生成和错误修正的场景。

2. 数据助手

在数据驱动的商业环境中，数据库查询常常成为技术团队和业务团队协作的瓶颈。传统的数据库交互方式要求用户熟练掌握 SQL 语法，这对非技术人员来说是一个巨大的挑战。利用大模型强大的文本理解能力，实现从自然语言到结构化查询的无缝转换，可以降低数据查询的门槛，提升数据访问的便捷性，这在商业上具有极大的价值。下面将展示如何利用 LangGraph 构建一个数据助手，它能够自动处理复杂的查询逻辑，并减少人为的 SQL 编写错误。

通过 LangGraph 构建数据助手主要包括 6 个步骤。

第一步是获取数据库中的表。

```
# 使用工具列出所有数据表
list_tables_tool = next(tool for tool in tools if tool.name == "sql_db_list_tables")
def first_tool_call(state: AgentState) -> dict[str, list[AIMessage]]:
    return {
```

```
    "messages": [
        AIMessage(
            content="",
            tool_calls=[
                {
                    "name": "sql_db_list_tables",
                    "args": {},
                    "id": "tool_1",
                }
            ],
        )
    ]
}
```

代理首先调用工具列出数据库中的表，为后续查询准备基础信息，关键点在于通过 list_tables_tool 获取数据库中所有表的名称。

第二步是提取表结构模式。

```
get_schema_tool = next(tool for tool in tools if tool.name == "sql_db_schema")
model_get_schema = ChatDeepSeek(model="deepseek-chat", temperature=0.3).bind_tools(
    [get_schema_tool]
)
workflow_graph.add_node(
    "model_get_schema",
    lambda state: {
        "messages": [model_get_schema.invoke(state["messages"])]
    },
)
```

在获取表名后，代理使用 get_schema_tool 工具获取每个表的详细结构。通过绑定 get_schema_tool，模型能够分析表和查询之间的相关性。使用 sql_db_schema 函数提取每个表的具体模式信息，包括列名、数据类型和可能的外键关系。这些信息对于构建准确的 SQL 查询至关重要。

第三步是将自然语言查询转换为 SQL 查询。

```
query_gen_system = """您是一位注重细节的 SQL 专家。
给定一个输入问题，输出一个语法正确的 SQLite 查询来运行，然后查看查询结果并返回答案。
...
"""
query_gen_prompt = ChatPromptTemplate.from_messages(
```

```
    [("system", query_gen_system), ("placeholder", "{messages}")]
)
query_gen = query_gen_prompt | ChatDeepSeek(model="deepseek-chat", temperature=0.3).bind_tools(
    [SubmitFinalAnswer]
)
```

这一步是代理的核心。通过预定义的系统提示，引导语言模型将自然语言问题转换为精确的 SQL 查询。系统提示包含了多个重要约束，比如限制返回结果数量、只查询相关列、处理查询错误、避免执行破坏性操作等。

第四步是 SQL 查询检查与纠错。

```
query_check_system = """ 您是一位注重细节的 SQL 专家。
请对 SQLite 查询进行双重检查，以发现常见错误，包括:
- 使用 NOT IN 与 NULL 值
- 当应该使用 UNION ALL 时使用了 UNION
...
"""
query_check_prompt = ChatPromptTemplate.from_messages(
    [("system", query_check_system), ("placeholder", "{messages}")]
)
query_check = query_check_prompt | ChatDeepSeek(model="deepseek-chat", temperature=0.3).
    bind_tools([execute_db_query])
```

这一步通过专门的系统提示，让模型在执行查询前进行严格的语法和逻辑检查，检查范围包括数据类型匹配、函数参数、连接条件等。

第五步是查询执行。

```
@tool
def execute_db_query(query: str) -> str:
    """
    执行数据库 SQL 查询并返回结果。
    如果查询不正确，则返回错误消息。
    """
    result = db.run_no_throw(query)
    if not result:
        return "错误: 查询失败。请重写您的查询并重试。"
    return result
```

使用 execute_db_query 工具执行最终的 SQL 查询。这个函数设计了错误处理机制，确保查询失败时能够返回有意义的错误消息。

最后一步是结果解析与响应生成。

```
class SubmitFinalAnswer(BaseModel):
    """ 根据查询结果向用户提交最终答案。"""
    final_answer: str = Field(..., description=" 向用户提交的最终答案 ")
```

通过 SubmitFinalAnswer 工具，模型将查询结果转换为自然语言的最终答案，完成从问题到结果的全流程。

最后使用 LangGraph 图将所有步骤组合起来，如图 6-4 所示。

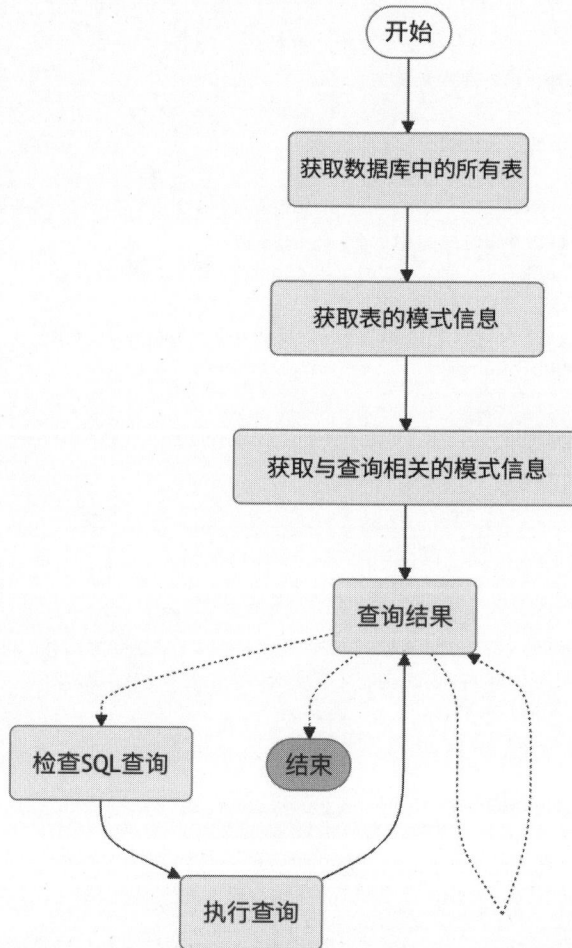

图 6-4　数据助手工作流

这个基于 LangGraph 的数据助手能根据上下文动态生成和调整 SQL 查询，同时内置查询检查与纠错机制，支持自然语言交互，降低了数据库查询的技术门槛。

像这样的智能数据库交互代理将成为连接技术与业务的关键桥梁，通过 LangGraph 可以重塑数据访问方式，使其更加智能、高效和人性化。

切记，代理不是简单功能的堆砌，只有合理地配置和调优工具之间的信息流动，才能打造出高效的工作流。上述示例大家一定要在自己的计算机上运行一遍，通过实践操作来加深理解，才能够熟练运用 LangGraph 的强大功能，打造出专属于个人的强大 AI 助手。

大模型在不同领域的应用正在逐渐落地，智能代理目前也正处于快速发展阶段。想象一下，未来每个人都拥有个人智能代理，这将极大地改变我们的工作方式和生活方式。个人智能代理可以帮助我们处理日常事务，提供信息支持，甚至在决策过程中提供专业建议。随着技术的进步，这些代理可能会更加个性化，能够根据用户的偏好和行为进行学习和适应，成为我们日常生活中不可或缺的一部分。要达到这个程度，还需要最重要的一块拼图——代理的记忆管理，这将在下一章中详细展开。

## 第 7 章

记忆系统

记忆系统是代理的核心组成部分，所以 LangChain 中的记忆主要指的是聚焦代理构建的 LangGraph 库中的记忆概念，本章将以由浅入深的方式探究它的本质和运作方式。

记忆系统是什么

在任何对话中，无论是人与人之间的对话还是人与机器人之间的对话，回忆过去的信息都至关重要。记忆系统旨在存储过去的互动信息，不仅包括以前的消息列表，它还会理解和维护一个包含各种实体及其关系信息的动态环境模型。

LangGraph 中如何管理记忆

LangGraph 基于两个基本动作来管理记忆：读取和写入。LangGraph 构建代理应用时使用记忆的典型方式如图 7-1 所示。

- ❑ 从记忆中读取：在执行其核心逻辑之前，系统会从记忆中读取信息来增强用户输入的上下文。
- ❑ 写入记忆：在执行核心逻辑后，系统会将当前互动的输入和输出写入记忆，供未来的互动使用。

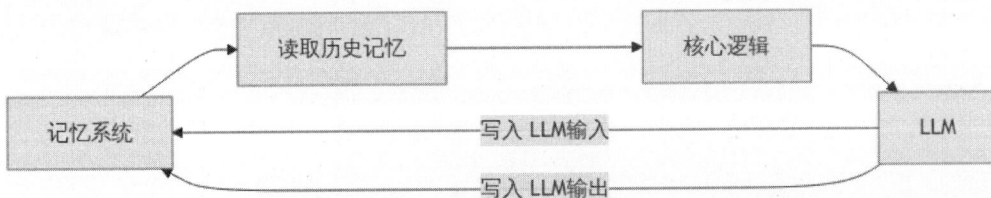

图 7-1　与记忆组件交互的过程

7.1　记忆系统介绍

构建 LangGraph 记忆系统时，必须考虑状态（信息）的存储及查询机制。LangGraph 支持各种存储选项，从记忆列表到持久化数据库均可。它不仅可以用来存储对话信息，还可以构建数据结构与算法、生成消息视图，以及回顾最新消息、检索对话中的特定实体信息。

LangGraph 的记忆功能是构建对话式 AI 的重要工具，它可以记忆并引用先前的互动信息。利用此功能可以打造出更加引人入胜且能够感知上下文的聊天机器人和对话界面。

7.2　短期记忆管理

按照第 6 章中代理的定义，代理记忆可以分为短期记忆和长期记忆。LangGraph 对这两类记忆都做了很好的支持，而且针对每种记忆类型，支持许多不同的实现模式，它们各有特点，包括独特的参数、返回类型，并在不同应用场景发挥特定作用。

7.2.1　保留全部对话

MemorySaver 作为基本的记忆实现，在 LangGraph 中用于存储对话信息，并在需要时从变量中提取这些消息。这种记忆形式使得 AI 在之后的互动中能引用以前的对话，创建具有上下文感知能力的对话系统离不开此功能，它确保了 AI 系统在对话进程中的一致性与相关性。

以下是一个使用 LangGraph 实现基本记忆的示例，它只能简单地存储对话历史。

```
# 定义一个新的状态图
workflow = StateGraph(state_schema=MessagesState)
# 定义聊天模型
llm = ChatDeepSeek(model="deepseek-chat")
# 定义调用模型的函数
def call_model(state: MessagesState):
    response = llm.invoke(state["messages"])
    # 返回消息内容
    return {"messages": response}
# 添加节点
workflow.add_edge(START, "model")
workflow.add_node("model", call_model)
# 初始化记忆
memory = MemorySaver()
```

```
app = workflow.compile(
    checkpointer=memory
)
# 线程 ID 是一个唯一标识符, 用于标识这次特定的对话
# 这使得单个应用能够管理多个用户之间的对话
thread_id = uuid.uuid4()
config = {"configurable": {"thread_id": thread_id}}
input_message = HumanMessage(content=" 我是李四 ")
for event in app.stream({"messages": [input_message]}, config, stream_mode="values"):
    event["messages"][-1].pretty_print()

# 询问之前提到的名字
input_message = HumanMessage(content=" 我的名字是什么？ ")
for event in app.stream({"messages": [input_message]}, config, stream_mode="values"):
event["messages"][-1].pretty_print()
```

打印对话结果如下：

```
==== Human Message ====
我是李四
==== Ai Message ====
您好, 李先生！很高兴为您服务。有什么我可以帮您的吗？
==== Human Message ====
我的名字是什么？
==== Ai Message ====
您的名字是李四。请问还有其他问题或者需要帮助的事项吗？
```

这段代码首先定义了一个状态图 workflow 和一个聊天模型 model。然后，它定义了一个函数 call_model() 来调用聊天模型，并将其添加到状态图中。通过使用 MemorySaver，LangGraph 能够在每次对话之间保存状态，这样 AI 就能够记住之前的对话内容。最后，代码生成一个唯一的线程 ID 来标识每次对话，并使用这个 ID 来启动对话流，通过 stream 方法发送消息并接收 AI 的响应。

7.2.2　记忆窗口机制

这种方式旨在保留最后 n 条对话消息，当消息超过 n 条时，就丢弃较早的消息。先来看下面的代码示例：

```
# 定义李四和 AI 之间的对话消息列表, 内容涉及爱好和职业等话题
messages = [
    HumanMessage(" 你好 AI, 我想聊聊我的爱好和职业。"),
```

```
    AIMessage("你好李四，很高兴和你聊天。你的爱好是什么呢？"),
    HumanMessage("我喜欢阅读和徒步旅行。你呢？"),
    AIMessage("作为一个AI，我'喜欢'处理数据和帮助解决问题。你从事什么职业？"),
    HumanMessage("我是一名软件工程师，总是有很多问题需要解决。"),
    AIMessage("那听起来很有趣！你最喜欢编程的哪个部分？"),
    HumanMessage("我最喜欢解决复杂的算法问题。那对你来说，最大的挑战是什么？"),
    AIMessage("对我来说，最大的挑战是如何更自然地与人类沟通。"),
]

# 使用 trim_messages 来选择消息，确保对话历史的有效性和连贯性
# 这里假设我们只想保留最后5条消息
selected_messages = trim_messages(
    messages,
    token_counter=len,  # 使用 len 函数来计算消息数量
    max_tokens=4,  # 允许最多选择4条消息
    strategy="last",  # 选择策略为"最后"，即优先保留列表末尾的消息
    start_on="human",  # 确保对话历史以人类消息开始
    include_system=False,  # 如果不需要系统消息，可以不包含它
    allow_partial=False,  # 不允许部分消息被选中
)

# 打印选中的消息
for msg in selected_messages:
msg.pretty_print()
```

这段代码通过 trim_messages 函数从李四和 AI 的对话中选择消息，以构建一个有效且连贯的对话历史。

对话内容涉及李四的爱好和职业，以及 AI 的"喜好"和"挑战"。代码首先定义了一个对话列表，其中包含了李四和 AI 的问答。然后，它使用 trim_messages 函数来选择最多4条消息，确保对话历史以李四的消息开始，并且优先保留列表末尾的消息。

这个过程展示了如何在 LangGraph 中通过选择和修剪消息来构建对话记忆，确保对话的连贯性和有效性。通过这种方式，AI 能够在对话中记住之前的内容，从而提供更加自然和个性化的交互体验。

最后打印的结果如下：

```
==== Human Message =====
我是一名软件工程师，总是有很多问题需要解决。
==== Ai Message ====
那听起来很有趣！你最喜欢编程的哪个部分？
```

```
==== Human Message =====
我最喜欢解决复杂的算法问题。那对你来说，最大的挑战是什么？
==== Ai Message ====
对我来说，最大的挑战是如何更自然地与人类沟通。
```

前面的示例是根据消息条数来限制对话窗口，接下来使用 `trim_messages` 确保对话中的总 token 数量不超过一定限制，以保持系统消息和对话中最近的消息。代码示例如下：

```
selected_messages = trim_messages(
    messages,
    # 使用 DeepSeek 的词法分析器计算消息中的 token 数
    token_counter=ChatDeepSeek(model="deepseek-chat"),
    max_tokens=100,  # 设置 token 数的上限为 100
    # 确保对话历史以人类消息开始
    start_on="human",
    # 如果原始对话历史中包含系统消息，则保留它，因为系统消息可能包含对模型的特殊指令
    include_system=True,
    strategy="last",  # 如果需要裁剪消息以适应 token 限制，优先保留列表末尾的消息
)
# 打印选中的消息
for msg in selected_messages:
    msg.pretty_print()
```

这段代码的目的是确保在与聊天模型交互时，发送的消息不会超过模型所允许的 token 数量限制，结果如下：

```
==== Human Message =====
我最喜欢解决复杂的算法问题。那对你来说，最大的挑战是什么？
==== Ai Message ====
对我来说，最大的挑战是如何更自然地与人类沟通。
```

7.2.3 按条件筛选对话

`filter_messages` 是用于筛选消息的，它允许开发者根据类型、ID 或名称来过滤消息，这对于处理来自多个模型、多个用户或者嵌套子链的复杂消息列表非常有用。下面是一个代码示例：

```
# 定义李四和 AI 之间的对话消息列表，内容涉及爱好和职业等话题
messages = [
    HumanMessage("你好 AI，我想聊聊我的爱好和职业。", id="1", name=" 李四 "),
    AIMessage("你好李四，很高兴和你聊天。你的爱好是什么呢？ "),
    HumanMessage("我喜欢阅读和徒步旅行。你呢？ ", id="2",),
```

```
    AIMessage("作为一个AI，我'喜欢'处理数据和帮助解决问题。你从事什么职业？"),
    HumanMessage("我是一名软件工程师，总是有很多问题需要解决。", id="3",),
    AIMessage("那听起来很有趣！你最喜欢编程的哪个部分？"),
    HumanMessage("我最喜欢解决复杂的算法问题。那对你来说，最大的挑战是什么？", id="4",),
    AIMessage("对我来说，最大的挑战是如何更自然地与人类沟通。"),
]
```

下面只对人类消息进行过滤：

```
print(filter_messages(messages, include_types="human")
```

输出结果如下：

```
[HumanMessage(content='你好AI，我想聊聊我的爱好和职业。', additional_kwargs={}, response_
metadata={}, name='李四', id='1'), HumanMessage(content='我喜欢阅读和徒步旅行。你呢？',
additional_kwargs={}, response_metadata={}, id='2'), HumanMessage(content='我是一名软
件工程师。总是有很多问题需要解决。', additional_kwargs={}, response_metadata={}, id='3'),
HumanMessage(content='我最喜欢解决复杂的算法问题。那对你来说，最大的挑战是什么？', additional_
kwargs={}, response_metadata={}, id='4')]
```

接着再试着只对第3条消息进行过滤：

```
print(filter_messages(messages, include_ids=["3"]))
```

输出结果如下：

```
[HumanMessage(content='我是一名软件工程师，总是有很多问题需要解决。', additional_kwargs={},
response_metadata={}, id='3')]
```

这种方式可以根据必要条件快速检索到需要的历史消息，当涉及大量用户且每个用户和聊天机器人之间积累了大量的对话历史时极为有效。

7.2.4 创建对话摘要

根据指定条件持续创建对话摘要。对话摘要的核心功能是概括之前的对话内容，并把结果保存为记忆，这对于多轮对话特别重要，有助于维持对话的流畅性和对上下文的理解，同时能防止由过量历史信息引起的困扰。代码示例如下：

```
# 创建记忆系统，用于保存对话状态
memory = MemorySaver()
```

```python
# 扩展 State 类，添加 summary 属性用于保存对话摘要
class State(MessagesState):
    summary: str
# 初始化聊天模型
model = ChatDeepSeek(model="deepseek-chat")
# 定义调用模型的逻辑
def call_model(state: State):
    # 如果存在摘要，将其作为系统消息添加
    summary = state.get("summary", "")
    if summary:
        system_message = f"之前对话的摘要：{summary}"
        messages = [SystemMessage(content=system_message)] + state["messages"]
    else:
        messages = state["messages"]
    response = model.invoke(messages)
    # 返回响应消息
return {"messages": [response]}


# 定义是否继续对话或进行摘要的逻辑
def should_continue(state: State) -> Literal["summarize_conversation", END]:
    """返回下一个执行节点"""
    messages = state["messages"]
    # 如果消息超过 4 条，则进行对话摘要
    if len(messages) > 4:
        return "summarize_conversation"
    # 否则结束对话
return END


# 定义对话摘要的逻辑
def summarize_conversation(state: State):
    # 首先，生成对话摘要
    summary = state.get("summary", "")
    if summary:
        summary_message = f"这是到目前为止的对话摘要：{summary}\n\n" \
                          "考虑上面的新消息，扩展摘要："
    else:
        summary_message = "请创建上面的对话摘要："
    messages = state["messages"] + [HumanMessage(content=summary_message)]
    response = model.invoke(messages)
    # 删除不再显示的消息，这里删除了最后两条消息之外的所有消息
    delete_messages = [RemoveMessage(id=m.id) for m in state["messages"][:-2]]
    return {"summary": response.content, "messages": delete_messages}


# 定义 LangGraph 状态图
workflow = StateGraph(State)
```

```python
# 添加对话节点和摘要节点
workflow.add_node("conversation", call_model)
workflow.add_node("summarize_conversation", summarize_conversation)

# 设置入口点为对话节点
workflow.add_edge(START, "conversation")

# 添加条件边
workflow.add_conditional_edges(
    "conversation",
    should_continue,
)
# 添加摘要节点
workflow.add_edge("summarize_conversation", END)
app = workflow.compile(checkpointer=memory)

# 打印总结信息
def print_summary(update):
    for _, v in update.items():
        for m in v["messages"]:
            m.pretty_print()
        if "summary" in v:
            print(v["summary"])

# 线程 ID 是一个唯一标识符，用于标识这次特定的对话
thread_id = uuid.uuid4()
config = {"configurable": {"thread_id": thread_id}}
```

通过使用 MemorySaver，LangGraph 能够在每次对话之间保存状态，这样代理就能够记住之前的对话内容。当对话消息超过 4 条时，会自动触发摘要功能。最后，代码通过 stream 方法发送消息并接收代理的响应，同时打印出对话更新和摘要。接下来进行测试：

```python
# 定义初始人类消息
input_messages = [
    HumanMessage("我是李四，你叫什么？"),
    HumanMessage("你好 AI，我想聊聊我的爱好和职业。")
]

# 处理初始消息并打印更新
for input_message in input_messages:
    input_message.pretty_print()
    for event in app.stream({"messages": [input_message]}, config, stream_mode="updates"):
        print_summary(event)
print(app.get_state(config).values)
```

当第一次检查状态时，可以看到还没有进行总结，这是因为列表中只有 4 条消息。

{'messages': [HumanMessage(content=' 我是李四，你叫什么？', additional_kwargs={}, response_metadata={}, id='fc76cd38-3a9d-4f07-bf7c-978e88a82c57'), AIMessage(content=' 我是 Qwen，是您的人工智能助手。很高兴为您服务，李先生。有什么我可以帮到您的吗？', additional_kwargs={}, response_metadata={'model_name': 'qwen-turbo', 'finish_reason': 'stop', 'request_id': '91f6d4fd-e426-9bed-b670-09bea975921d', 'token_usage': {'input_tokens': 26, 'output_tokens': 24, 'total_tokens': 50}}, id='run-52eb684d-3051-4500-aad0-8d272eb89f68-0'), HumanMessage(content=' 你好 AI，我想聊聊我的爱好和职业。', additional_kwargs={}, response_metadata={}, id='82c97c16-2971-44d6-abda-6711ff30885c'), AIMessage(content=' 当然可以，李先生。请告诉我关于您的爱好和职业的一些信息，我很乐意倾听，并且会尽我所能给您提供帮助和建议。', additional_kwargs={}, response_metadata={'model_name': 'qwen-turbo', 'finish_reason': 'stop', 'request_id': '4b33b482-901e-9e19-b562-e8d863706936', 'token_usage': {'input_tokens': 70, 'output_tokens': 30, 'total_tokens': 100}}, id='run-587ac4f3-2daf-4727-a0f6-1ee4d203c9d4-0')]}

现在发送一条新消息：

```
input_message = HumanMessage(content=" 我喜欢阅读和徒步旅行。你呢？ ")
input_message.pretty_print()
for event in app.stream({"messages": [input_message]}, config, stream_mode="updates"):
    print_summary(event)
print(app.get_state(config).values)
```

当第二次检查状态时，可以看到有一条对话摘要，以及两条最新消息。

{'messages': [HumanMessage(content=' 我喜欢阅读和徒步旅行。你呢？', additional_kwargs={}, response_metadata={}, id='59a879cc-c7f7-4b01-afde-221fe3358dff'), AIMessage(content=' 作为一个人工智能，我没有个人喜好或经历，但我可以帮助您找到与阅读和徒步旅行相关的各种信息和建议。比如您可以分享一些您喜欢的书籍类型或者徒步旅行的目的地，我可以为您提供推荐或相关信息。您最近有没有读过什么好书或者计划去哪里徒步旅行呢？', additional_kwargs={}, response_metadata={'model_name': 'qwen-turbo', 'finish_reason': 'stop', 'request_id': '1711fb90-7476-95e1-a39d-a7e813c538d4', 'token_usage': {'input_tokens': 119, 'output_tokens': 62, 'total_tokens': 181}}, id='run-c7579783-87b4-4d16-abf9-ede2c38d6c65-0')], 'summary': ' 当然，以下是对话摘要：\n\n- ** 参与者 **：\n - 李先生（喜欢阅读和徒步旅行）\n - Qwen（人工智能助手）\n\n- ** 内容 **：\n - 李先生介绍了他的爱好：阅读和徒步旅行。\n - Qwen 表示自己作为人工智能没有个人喜好，但愿意提供与阅读和徒步旅行相关的信息和建议。\n - 提出进一步讨论具体书籍类型或徒步旅行目的地的可能性。\n\n如果您有任何更具体的需求或想继续讨论的内容，请随时告诉我！ '}

现在继续进行对话：

```
input_message = HumanMessage(content=" 我叫什么名字？ ")
input_message.pretty_print()
for event in app.stream({"messages": [input_message]}, config, stream_mode="updates"):
    print_summary(event)
```

向聊天机器人提问第一次对话中提到的事情，看看它如何回答。下面是输出结果：

```
==== Human Message =====
我叫什么名字？
==== Ai Message ====
您的名字是李四。有什么我可以帮您的吗？
```

可以看到，聊天机器人可以准确回答对话早期提到的内容，是因为已经总结了早期对话，即 summery 字段对应的内容。

```
summary': ' 当然，以下是对话摘要：\n\n- ** 参与者 **：\n  - 李先生（喜欢阅读和徒步旅行）\n  - Qwen
（人工智能助手）\n\n- ** 内容 **：\n  - 李先生介绍了他的爱好：阅读和徒步旅行。\n  - Qwen 表示自己作为
人工智能没有个人喜好，但愿意提供与阅读和徒步旅行相关的信息和建议。\n  - 提出进一步讨论具体书籍类型或
徒步旅行目的地的可能性。\n\n 如果您有任何更具体的需求或想继续讨论的内容，请随时告诉我！ '
```

短期记忆管理的内容讲解得较为详尽，主要是因为每种方式都有独特的使用场景且都很关键。对于想构建 AI 应用的读者来说，理解和掌握这些知识非常重要。

7.3 长期记忆管理

在之前的讨论中，我们主要关注短期记忆管理，即将记忆保存在 AI 应用运行期间的变量中。这种方式的局限性在于，一旦程序重启，所有记忆便会丢失。为了解决这个问题，我们需要引入长期记忆管理机制，实现记忆的持久化存储。目前，最典型的长期记忆管理方案包括向量存储和知识图谱。

7.3.1 基于向量的记忆存储

基于向量的记忆存储利用向量化技术存储对话的关键信息，并借助向量数据库实现快速检索，从而根据当前上下文智能匹配最相关的历史对话片段。这种方法不依赖于严格的时间顺序，而是通过语义相关性进行匹配，从而快速响应用户输入，精准回溯历史信息，并自然地感知上下文，简化了存储逻辑，无须维护复杂的顺序关系。这种基于向量的记忆管理方式，能够显著提升对话系统回应的准确性和相关性，极大地增强用户体验的连贯性和满意度。下面我们以基于内存的向量存储引擎为例进行介绍。

```
# 初始化向量存储，用于存储记忆
recall_vector_store = InMemoryVectorStore(DashScopeEmbeddings())
```

```python
# 定义对记忆进行存储和检索的核心工具函数
def get_user_id(config: RunnableConfig) -> str:
    """ 获取用户 ID
    Args:
        config: 运行时配置
    Returns:
        str: 用户 ID
    Raises:
        ValueError: 如果未提供用户 ID
    """
    user_id = config["configurable"].get("user_id")
    if user_id is None:
        raise ValueError(" 需要提供用户 ID 来保存记忆 ")
    return user_id


@tool
def save_recall_memory(memory: str, config: RunnableConfig) -> str:
    """ 保存记忆到向量存储中以供后续语义检索
    Args:
        memory: 要保存的记忆内容
        config: 运行时配置
    Returns:
        str: 保存的记忆内容
    """
    user_id = get_user_id(config)
    document = Document(
        page_content=memory,
        id=str(uuid.uuid4()),
        metadata={"user_id": user_id}
    )
    recall_vector_store.add_documents([document])
    return memory


@tool
def search_recall_memories(query: str, config: RunnableConfig) -> List[str]:
    """ 搜索相关记忆
    Args:
        query: 搜索查询
        config: 运行时配置
    Returns:
        List[str]: 检索到的记忆列表
    """
    user_id = get_user_id(config)
    def _filter_function(doc: Document) -> bool:
```

```
            return doc.metadata.get("user_id") == user_id
    documents = recall_vector_store.similarity_search(
        query, k=3, filter=_filter_function
    )
    return [document.page_content for document in documents]
# 声明 State 用于存储与对话相关的记忆
class State(MessagesState):
    recall_memories: List[str]
# 处理当前状态并使用 LLM 生成回应
def agent(state: State) -> State:
    """
    Args:
        state: 当前对话状态
    Returns:
        State: 更新后的状态和代理回应
    """
    model_with_tools = model.bind_tools(tools)
    bound = prompt | model_with_tools
    recall_str = (
        "<recall_memory>\n" + "\n".join(state["recall_memories"]) + "\n</recall_memory>"
    )
    prediction = bound.invoke({
        "messages": state["messages"],
        "recall_memories": recall_str,
    })
    return {
        "messages": [prediction],
    }
# 加载与当前对话相关的记忆
def load_memories(state: State, config: RunnableConfig) -> State:
    """
    Args:
        state: 当前对话状态
        config: 运行时配置，包含用户 ID 等信息

    工作流程：
    1. 获取当前对话内容
    2. 将对话内容截断到 800 个字符
    3. 基于对话内容检索相关记忆
    Returns:
        State: 包含加载记忆的更新状态
    """
    # 获取当前对话内容字符串
    convo_str = get_buffer_string(state["messages"])
```

```
        convo_str = convo_str[:800]
        recall_memories = search_recall_memories.invoke(convo_str, config)
        return {
            "recall_memories": recall_memories,
        }
# 根据最后一条消息决定下一步操作
def route_tools(state: State):
    """
    Args:
        state: 当前对话状态
    Returns:
        Literal["tools", "__end__"]: 返回下一步是使用工具还是结束对话

    工作流程:
    1. 获取最后一条消息
    2. 检查是否需要调用工具
    3. 根据检查结果决定路由
    """
    # 获取最后一条消息
    msg = state["messages"][-1]
    # 如果消息需要调用工具, 返回 "tools"
    if msg.tool_calls:
        return "tools"
    # 否则结束当前对话轮次
return END
```

接下来开始构建对话流程图:

```
# 创建状态图并添加节点
builder = StateGraph(State)
# 添加 3 个核心节点
builder.add_node(load_memories)          # 记忆加载节点
builder.add_node(agent)                  # 代理处理节点
builder.add_node("tools", ToolNode(tools))  # 工具调用节点
# 设置图的边 (定义节点间的连接关系)
# START -> load_memories: 对话开始时首先加载记忆
builder.add_edge(START, "load_memories")
# load_memories -> agent: 加载记忆后进入代理处理
builder.add_edge("load_memories", "agent")
# agent -> [tools, END]: 代理处理后根据 route_tools 函数的返回结果选择路径
builder.add_conditional_edges(
    "agent",
    route_tools,      # 路由决策函数
    ["tools", END]
```

```
)
# tools -> agent: 工具调用完成后返回代理处理
builder.add_edge("tools", "agent")
memory = MemorySaver()  # 创建记忆保存器
graph = builder.compile(checkpointer=memory)  # 编译图并启用检查点功能
```

整个对话系统的工作流程如下。当对话开始时，系统首先通过 load_memories 节点加载相关的历史记忆，这些记忆随后被传递给 agent（代理处理节点）进行处理。在 agent 节点中，系统会通过 route_tools 函数来判断是否需要使用工具，如果需要使用工具，流程会转向 tools 节点进行工具调用，调用完成后会返回到 agent 继续处理；如果不需要使用工具，则流程直接结束。整个过程中，系统会通过 MemorySaver 持续保存状态，以确保对话的连续性和状态的可追踪性，如图 7-2 所示。

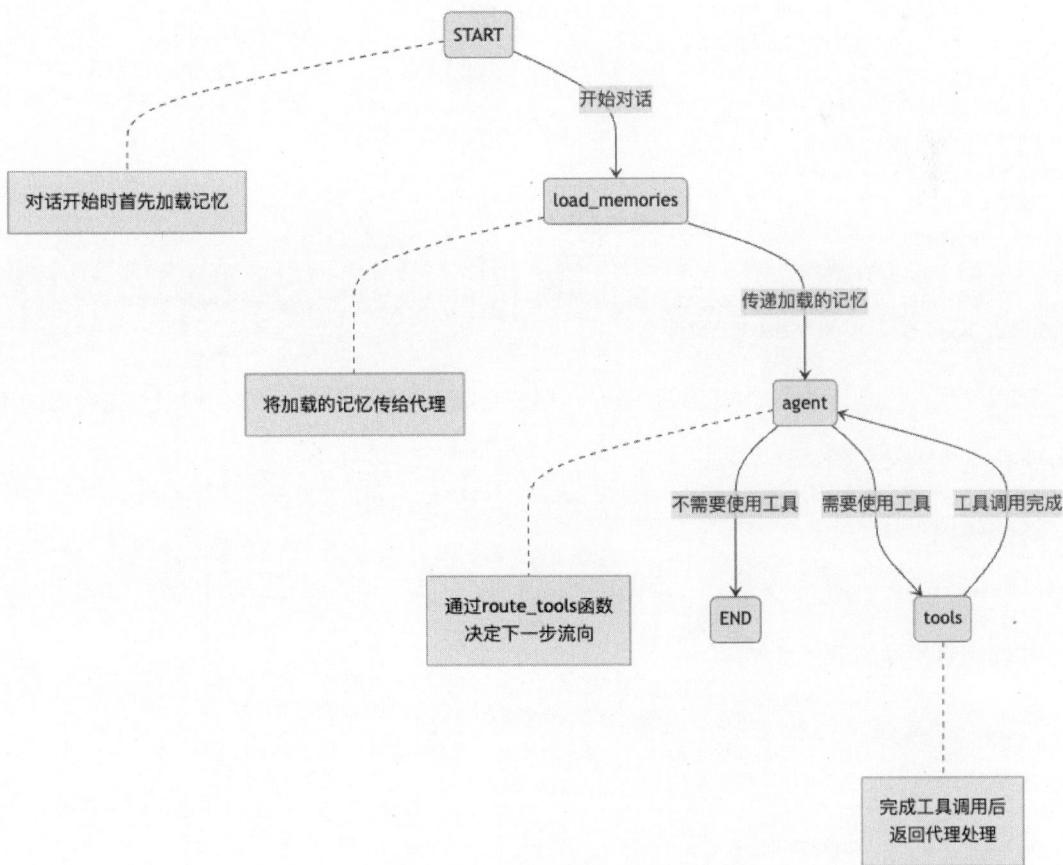

图 7-2 对话系统的工作流程

接下来对上述对话系统进行测试。在第一轮对话中，告知代理用户的兴趣爱好：

```
for chunk in graph.stream(
    {"messages": [("user", "莫尔索爱好写作")]},
    config=config
):
get_stream_chunk(chunk)
```

打印代理的思考过程：

```
==== Ai Message ====
好的，现在我记住了莫尔索喜欢写作这一点。这是一个很有趣的信息！写作是一种非常棒的表达自我和探索内心世
界的方式。如果莫尔索正在寻找写作灵感，或者想要提升写作技巧，我能提供一些建议或资源。你是否有具体的问
题或需要哪方面的帮助呢？例如，他可能需要一些激发创意的方法，或者是关于如何开始写作项目的建议？
Tool Calls:
  save_recall_memory (call_f5c8c1e8879b45078a8f63)
 Call ID: call_f5c8c1e8879b45078a8f63
  Args:
    memory: 莫尔索喜欢写作
==== Tool Message ====
Name: save_recall_memory
莫尔索喜欢写作
==== Ai Message ====
我已经记住了莫尔索喜欢写作这一点。如果有任何关于写作的问题或需要进一步的帮助，随时告诉我！无论是寻找
灵感、提高写作技巧还是完成某个项目，我都可以提供支持和建议。你是否希望我分享一些写作资源或提示呢？
{'recall_memories': ['莫尔索喜欢写作']}
```

可以发现，代理记住了用户的兴趣爱好。接着在第二轮对话中，告知代理用户正在做的事。

```
for chunk in graph.stream(
    {"messages": [("user", "莫尔索正在写关于 LangGraph 的技术文章")]},
    config=config,
):
get_stream_chunk(chunk)
```

继续观察代理的思考过程：

```
==== Ai Message ====
太好了！莫尔索正在撰写关于 LangGraph 的技术文章。这听起来像是一个既专业又有趣的主题。为了帮助莫尔索更
好地完成这篇文章，我可以提供一些写作建议和技术资料的搜索方向。
首先，我们可以考虑以下几个方面。
1. 明确目标读者：了解目标读者是谁可以帮助确定文章的深度和语言风格。
2. 结构规划：确保文章有一个清晰的引言、主体和结论，可以包括背景介绍、核心概念解释、案例研究或示例等部分。
```

3. 技术准确性：确保所有技术术语和概念都是准确无误的，并且尽可能引用可靠的来源。

4. 可读性：使用图表、子标题和列表来提高文章的可读性和吸引力。

如果需要更具体的帮助，比如查找有关 LangGraph 的技术资料或参考资料，请告诉我，我可以帮您搜索相关信息。

```
Tool Calls:
  save_recall_memory (call_b191d25f7ba44232b17840)
 Call ID: call_b191d25f7ba44232b17840
  Args:
    memory: 莫尔索正在写关于 LangGraph 的技术文章
==== Tool Message ====
Name: save_recall_memory
莫尔索正在写关于 LangGraph 的技术文章
==== Ai Message ====
```
我已经记住了莫尔索正在写关于 LangGraph 的技术文章这一信息。如果您需要任何关于技术文章写作的具体帮助，例如查找相关资料、构建文章结构或提升文章的可读性，请随时告诉我。我在这里为您提供支持！

此外，如果莫尔索有任何特定的技术问题或需要进一步澄清的概念，也可以告诉我，我会尽力提供帮助。希望这些建议能对莫尔索有所帮助！

```
{'recall_memories': [' 莫尔索喜欢写作 ', ' 莫尔索正在写关于 LangGraph 的技术文章 ']}
```

可以发现，代理也记住了用户正在做的事。接着重启应用，让代理为我们提供写作帮助，看它是否记住了之前的关键信息。

```
for chunk in graph.stream(
    {"messages": [("user", " 提供写作帮助 ")]},
    config={"configurable": {"user_id": "1", "thread_id": "2"}},
):
get_stream_chunk(chunk)
```

下面是代理的思考过程：

```
==== Ai Message ====
```
当然可以！我了解到您正在撰写一篇关于 LangGraph 的技术文章，我可以帮您快速搜索一些关于 LangGraph 的信息，以便为莫尔索的技术文章提供更多的参考材料。

稍等片刻，我会尽快找到相关信息。
```
Tool Calls:
  tavily_search_results_json (call_9bc00ab9de824556b5a532)
 Call ID: call_9bc00ab9de824556b5a532
  Args:
    query: LangGraph
==== Tool Message ====
Name: tavily_search_results_json
[{"url": "https://github.com/langchain-ai/langgraph", "content": "LangGraph is a library for
creating stateful, multi-actor applications with LLMs, using cycles, controllability, and
persistence. Learn how to use LangGraph with LangChain, LangSmith, and Anthropic tools to
```

```
build agent and multi-agent workflows."}]
==== Ai Message ====
我找到了一些关于 LangGraph 的信息。LangGraph 似乎是一个用于创建包含大语言模型（LLM）的多参与者应用程
序的库。它支持状态管理、可控性和持久性，并且可以与 LangChain、LangSmith 和 Anthropic 等工具一起使用
来构建代理和多代理工作流。
这些信息可能有助于增加文章的技术深度和广度。如果莫尔索需要更多详细的技术规格、实际应用案例或其他相关
信息，请随时告诉我，我会尽力提供更多帮助。
{'recall_memories': []}
```

很显然，虽然问题只是很宽泛地要求"提供写作帮助"，但因为记住了之前对话中提到的
"莫尔索喜欢写作""莫尔索正在写关于 LangGraph 的技术文章"等信息，代理直接使用联网工
具搜索了一些关于 LangGraph 的信息用于辅助写作。

这就是基于向量的记忆存储功能的强大之处，代理在回答问题前加载对话历史上最相关的
记忆以提供最好的回答。

7.3.2　基于知识图谱构建结构化记忆

毫无疑问，随着对话的深入，需要记忆的信息量也会随之增加。为了在记录关键对话的同
时，能有效地压缩记忆空间，我们可以采用知识图谱这一结构化工具。知识图谱以图形化的方
式展示实体间的联系，非常适合用来存储和组织信息。

在对话系统中，知识图谱主要用于存储特定实体及其相关信息，并随着对话的进展，逐步
构建和丰富这些实体间的联系。这种结构化的记忆方式不仅能够显著减轻记忆负担，还能让系
统更准确地处理与特定实体相关的查询，从而提供更加智能的对话体验。下面继续看代码：

```
# 定义知识图谱三元组结构
class KnowledgeTriple(TypedDict):
    """ 字段说明：
    - subject: 主体 / 主语
    - predicate: 谓语 / 关系
    - object_: 宾语 / 客体
    """
    subject: str      # 主体，例如："小明"
    predicate: str    # 谓语，例如："喜欢"
    object_: str      # 客体，例如："篮球"
# 重写 save_recall_memory 函数，以结构化方式存入记忆
@tool
def save_recall_memory(memories: List[KnowledgeTriple], config: RunnableConfig) -> str:
```

```
""" 参数说明：
memories: 知识图谱三元组列表，每个三元组包含主谓宾结构的记忆片段
工作流程：
1. 获取当前用户 ID
2. 遍历记忆列表
3. 将每条记忆序列化
"""
user_id = get_user_id(config)
for memory in memories:
    # 将三元组值拼接成字符串，用于向量化
    serialized = " ".join(memory.values())
    document = Document(
        serialized,
        id=str(uuid.uuid4()),
        metadata={
            "user_id": user_id,
            **memory,                 # 展开原始三元组数据
        },
    )
    recall_vector_store.add_documents([document])
return memories
...
for chunk in graph.stream(
    {"messages": [("user", " 莫尔索正在写关于 LangGraph 的技术文章 ")]},
    config=config,
):
get_stream_chunk(chunk)
```

其他部分内容不变，继续对代理系统进行测试，观察其如何处理记忆：

```
==== Ai Message ====
Tool Calls:
  save_recall_memory (call_b61742540a444689bb4506)
 Call ID: call_b61742540a444689bb4506
  Args:
    memories: [{'object_': 'LangGraph', 'predicate': ' 写作主题 ', 'subject': ' 莫尔索 '},
{'object_': ' 技术文章 ', 'predicate': ' 写作内容 ', 'subject': ' 莫尔索 '}]
==== Tool Message ====
Name: save_recall_memory
[{"subject": " 莫尔索 ", "predicate": " 写作主题 ", "object_": "LangGraph"}, {"subject": " 莫尔索 ",
"predicate": " 写作内容 ", "object_": " 技术文章 "}]
==== Ai Message ====
我已经记录下莫尔索正在撰写一篇关于 LangGraph 的技术文章。如果您有任何关于这篇文章的具体问题或需要进一
步的帮助，请随时告诉我！
```

显然代理在保存记忆时对其进行了结构化记录，采用知识图谱的三元组结构（主体 - 谓语 - 客体）来展示信息间的关联。以"莫尔索"为中心节点，通过"写作主题"和"写作内容"这两个谓语属性，分别链接到"LangGraph"和"技术文章"这两个客体节点（如图 7-3 所示），清晰地描述了一个完整的上下文：莫尔索正在写关于 LangGraph 的技术文章。

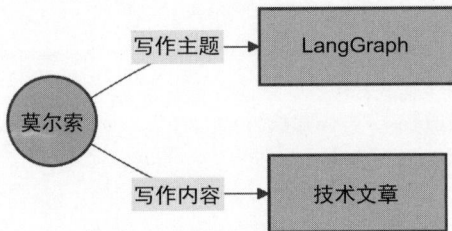

图 7-3　知识图谱三元组

值得一提的是，这里聚焦的是如何利用三元组结构保存记忆。更进一步，可以用图数据库代替向量存储，它是专门用于存储和管理知识图谱数据的，这里不再赘述，留给大家自行探索。

7.4　自定义记忆组件

本节将结合前面所学的记忆知识，对"虚拟小镇"项目记忆管理部分的 LangChain 代码实现进行讲解。该项目源自论文"Generative Agents: Interactive Simulacra of Human Behavior"，由斯坦福大学和谷歌研究团队联合打造。他们创建了一个包含 25 个角色的模拟社区，旨在精确再现人类的活动模式。这 25 个角色事实上是 25 个以大模型为基础的智能代理，可以设置特定的角色属性，并向这些角色发送行动指令，由代理执行并提供反馈。

7.4.1　方案说明

原论文的记忆管理方面有三个亮点，这也是本次实践项目需要重点关注的内容。

1. 记忆流的管理优化

为了模拟人类行为，智能代理必须能够理解和推理自身的经历和记忆。原论文中提出了"记忆流"的概念，但仅使用整体记忆流会导致效率低下和代理注意力分散。

　　记忆流是由智能代理观察到的环境、自身行为以及与其他智能代理的互动形成的。检索机制需要综合考虑记忆的时效性（近期记忆具有更高的优先级，衰减率为 0.99）、相关性（通过余弦相似度计算记忆流中文本与查询之间的关联度）和重要性（每个记忆都有一个绝对重要性评分，如获得 offer 是重要记忆，而日常事务如吃早餐则重要性较低）。

2. 引入反思记忆

　　智能代理在使用原始记忆作为推理上下文时面临困难，处理大量记忆也是一大挑战。

　　在记忆流中引入"反思记忆"，这类记忆与其他记忆共存，但更抽象、层次更高。当近期记忆的重要性总和超过特定阈值时，才会产生反思。反思过程包括确定焦点（向 LLM 查询近期记忆）、获取上下文（检索相关记忆）、模拟反思（产生新颖见解）、更新记忆流（将见解加入记忆流）。

3. 长期规划支持

　　智能代理需要进行长期规划，仅提供大量上下文信息并不足以实现这一点。

　　将规划信息存储于记忆流中，有利于智能代理的行动保持时间上的一致性，并在信息检索时予以考虑。这些规划信息包括代理的活动概述，受制于代理自身的角色定位和简明描述，以及对过往状态的回顾。随着代理进行日常活动，规划会持续更新和细化。

7.4.2　代码实践

　　首先声明自定义的智能代理记忆组件：

```
class CustomAgentMemory(BaseMemory):

    llm: BaseLanguageModel
    # 检索相关记忆的检索器
    memory_retriever: TimeWeightedVectorStoreRetriever
    # 是否输出详细信息
    verbose: bool = False
    # 智能代理的当前计划，一个字符串列表
    current_plan: List[str] = []
    # 与记忆重要性关联的权重因素，若这个数值偏低，表明它与记忆的相关度及时效性相比显得不那么重要
    importance_weight: float = 0.15
```

```
# 追踪近期记忆的"重要性"累计值
aggregate_importance: float = 0.0
# 反思的阈值，一旦近期记忆的"重要性"累计值达到反思的阈值，便触发反思过程
reflection_threshold: Optional[float] = None
# 最大 token 数限制
max_tokens_limit: int = 1200
# 查询内容的键
queries_key: str = "queries"
# 最近记忆的 token 的键
most_recent_memories_token_key: str = "recent_memories_token"
# 添加记忆的键
add_memory_key: str = "add_memory"
# 相关记忆的键
relevant_memories_key: str = "relevant_memories"
# 简化的相关记忆的键
relevant_memories_simple_key: str = "relevant_memories_simple"
# 最近记忆的键
most_recent_memories_key: str = "most_recent_memories"
# 当前时间的键
now_key: str = "now"
# 是否触发反思的标志
reflecting: bool = False
```

_get_topics_of_reflection 和 _get_insights_on_topic 这两个方法，利用大模型和记忆检索器来提取有价值的信息并生成反思性的见解，这些见解将用来更新智能代理的内部状态，并可能影响其未来的决策。

```
def _get_topics_of_reflection(self, last_k: int = 50) -> List[str]:
    """
    返回和最近记忆内容最相关的 3 个高级问题。
    参数 last_k：采样的最近的记忆数量，默认为 50。
    返回值：一个字符串列表，包含 3 个问题。
    """
    # 创建一个提示词模板，询问基于给定观察可以回答的 3 个最相关的高级问题
    prompt = PromptTemplate.from_template(
        "```{observations}\n```\n 基于上述信息，提出与之最为相关的 3 个高级问题。
            请将每个问题分别写在新的一行。"

    )
    # 从记忆检索器中获取最近的记忆并转换成字符串形式
    observations = self.memory_retriever.memory_stream[-last_k:]
```

```
    observation_str = "\n".join(
        [self._format_memory_detail(o) for o in observations]
    )
    # 运行提示词模板并获取结果
    result = self.invoke(prompt, {"observations": observation_str})
    # 将结果解析为列表并返回
    return self._parse_list(result)


def _get_insights_on_topic(
    self, topic: str, now: Optional[datetime] = None
) -> List[str]:
    """
    基于与反思主题相关的记忆生成见解
    参数 topic：反思的主题
    参数 now：可选的当前时间，用于检索记忆
    返回值：一个字符串列表，包含生成的见解
    """
    # 创建一个提示词模板，基于相关记忆生成针对特定问题的 5 个高级新见解
    prompt = PromptTemplate.from_template(
        " 关于 '{topic}' 的陈述 ```\n{related_statements}\n```\n"
        " 根据上述陈述，提出与解答下面这个问题最相关的 5 个高级见解。"
        " 请不要包含与问题无关的见解，请不要重复已经提出的见解。"
        " 问题：{topic}"
        " [ 示例格式：见解（基于 1、5、3 的原因）] "
    )

    # 从记忆检索器中获取与主题相关的记忆
    related_memories = self.fetch_memories(topic, now=now)
    # 格式化相关记忆为字符串
    related_statements = "\n".join(
        [
            self._format_memory_detail(memory, prefix=f"{i+1}. ")
            for i, memory in enumerate(related_memories)
        ]
    )
    # 运行提示词模板并获取结果
    result = self.invoke(prompt, {"topic": topic, "related_statements": related_statements})
    # 将结果解析为列表并返回
    return self._parse_list(result)
```

下面的代码展示了代理通过反思获得见解以合成新记忆的过程：

```python
def pause_to_reflect(self, now: Optional[datetime] = None) -> List[str]:
    # 初始化一个新见解的列表
    new_insights = []
    # 获取反思的主题
    topics = self._get_topics_of_reflection()
    # 遍历每个主题，生成见解并添加到内存中
    for topic in topics:
        insights = self._get_insights_on_topic(topic, now=now)
        for insight in insights:
            self.add_memory(insight, now=now)
        new_insights.extend(insights)
    # 返回新生成的见解列表
    return new_insights
```

记忆的重要性评估过程如下：

```python
prompt = PromptTemplate.from_template(
"在 1 到 10 的范围内评分，其中 1 表示日常琐事（例如刷牙、起床），而 10 表示极其重要的事情（例如分手、大学
录取）。请评估下面这段记忆的重要程度，用一个整数回答。```\n 记忆：{memory_content}```\n 评分："
)
# 运行提示词模板并获取结果
score = self.invoke(prompt, {"memory_content": memory_content}).strip()
# 如果处于详细模式，则日志信息会显示分数
if self.verbose:
    print.info(f"重要性分数：{score}")
# 使用正则表达式从结果中提取分数
match = re.search(r"^\D*(\d+)", score)
# 如果匹配成功，则返回计算后的分数，否则返回 0.0
if match:
    return (float(match.group(1)) / 10) * self.importance_weight
else:
    return 0.0
```

下面这段代码表示将一系列观察或记忆添加到智能代理的记忆库中，并在必要时触发反思过程。作用过程如图 7-4 所示。

```python
def add_memories(
    self, memory_content: str, now: Optional[datetime] = None
) -> List[str]:
    # 对传入的记忆内容评分, 以确定它们的重要性
    importance_scores = self._score_memories_importance(memory_content)
    # 累加记忆的重要性分数
    self.aggregate_importance += max(importance_scores)
    # 将记忆内容分割成记忆列表
    memory_list = memory_content.split(";")
    documents = []
    # 为每个记忆创建一个 Document 对象, 其中包含记忆内容及其重要性
    for i in range(len(memory_list)):
        documents.append(
            Document(
                page_content=memory_list[i],
                metadata={"importance": importance_scores[i]},
            )
        )
    # 向记忆检索器添加这些记忆
    result = self.memory_retriever.add_documents(documents, current_time=now)

    # 如果累计重要性分数超过了反思阈值, 并且智能代理当前不在反思状态, 则启动反思过程, 并生成新的合成记忆
    if (
        self.reflection_threshold
        and self.aggregate_importance > self.reflection_threshold
        and not self.reflecting
    ):
        self.reflecting = True
        self.pause_to_reflect(now=now)
        # 重置累计重要性, 用于在反思后清空重要性
        self.aggregate_importance = 0.0
        self.reflecting = False
    return result
```

```
添加记忆
   │
   ▼
记忆的重要性累计值
   │
   ▼
是否达到反思阈值?
```

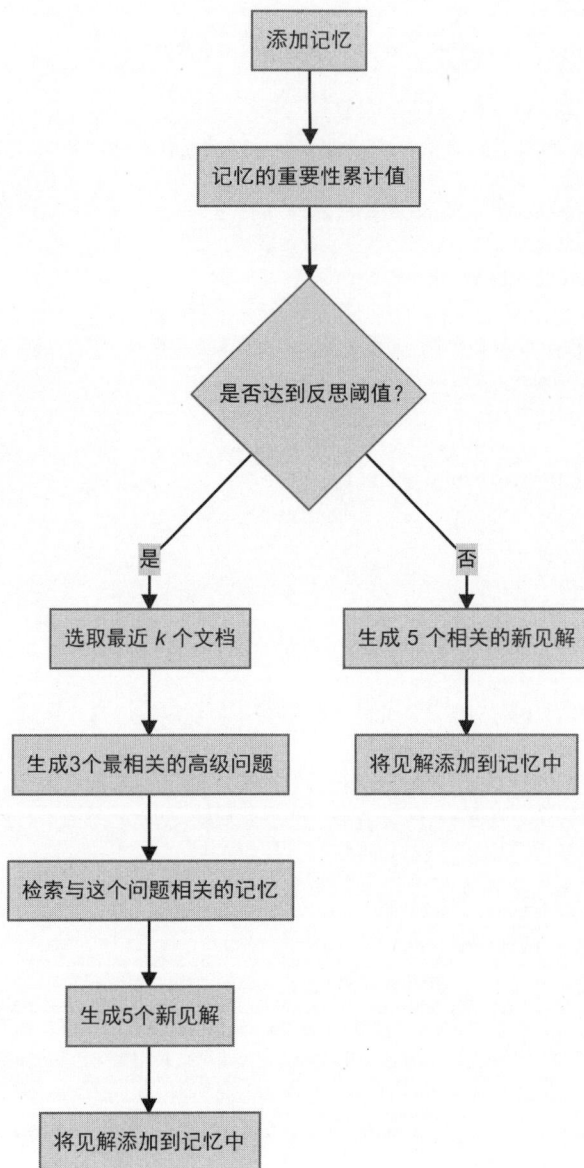

图 7-4 代理生成反思记忆的过程

LangChain 记忆系统的话题到这里就结束了。使用 LangChain 构建 LLM 应用还剩下最后一块拼图,即回调机制,这个组件提供了足够的灵活性,方便进行应用日志记录、实时监控以及事件提醒等操作,下一章将详细探讨。

## 第 8 章

回调机制

在传统编程概念中，回调（callback）的核心思想是将一个函数（回调函数）作为参数传递给另一个函数或方法，该函数在后者执行过程中的某个点被调用。这种机制允许程序在特定事件发生或达到某个状态时执行特定的代码，而不需要在事件发生时立即处理。LangChain 的回调机制也提供了一种类似的方式来响应各种事件，可以用在多种场景中。例如，在处理自然语言理解任务时，如果解析到了特定类型的输入，就可以触发一个回调来进行特定的处理；在数据预处理或转换过程中，可以利用回调来执行数据校验。

LangChain 的回调组件为开发者提供了在处理流程中插入自定义逻辑的能力，大大增强了系统的灵活性和可扩展性。用户可以根据自己的需求编写特定的回调处理器来处理特殊情况或实现高度定制化的功能。下面一起探索回调处理器是如何工作的。

8.1 回调处理器

回调处理器是实现了 CallbackHandler 接口的对象，这个接口为订阅的每个事件提供了一个方法，当事件被触发时，CallbackHandler 会调用处理器上的相应方法。例如，当 LLM 开始运行时，会调用 on_llm_start 方法；当 LLM 结束运行时，会调用 on_llm_end 方法。

在 LangChain 中，BaseCallbackHandler 是一个基础回调处理器，它结合了多个 Mixin 类来处理来自 LangChain 的各种回调，如表 8-1 所示。

表 8-1　不同 Mixin 类的说明

Mixin 类	描　　述
LLMManagerMixin	用于处理与大模型相关的回调事件
ChainManagerMixin	用于处理与链相关的回调事件
ToolManagerMixin	用于处理与工具相关的回调事件

（续）

Mixin 类	描　述
RetrieverManagerMixin	用于处理与检索器相关的回调事件
CallbackManagerMixin	用于管理回调事件的通用接口
RunManagerMixin	用于处理与运行管理相关的回调事件

各个 Mixin 类的接口提供了一种灵活的方式来响应和处理 LangChain 在不同阶段的事件和状态变化，使得开发者可以更好地控制和监视应用的行为。

各个 Mixin 类的基本接口及其作用如表 8-2 所示。

表 8-2　各个 Mixin 类及其基本接口

Mixin 类	方　法	描　述
LLMManagerMixin	on_llm_new_token	当 LLM 生成新的 token 时触发
	on_llm_end	当 LLM 结束运行时触发
	on_llm_error	当 LLM 运行出错时触发
ChainManagerMixin	on_chain_end	当链结束运行时触发
	on_chain_error	当链运行出错时触发
	on_agent_action	当代理执行动作时触发
	on_agent_finish	当代理结束运行时触发
ToolManagerMixin	on_tool_end	当工具结束运行时触发
	on_tool_error	当工具运行出错时触发
RetrieverManagerMixin	on_retriever_end	当检索器结束运行时触发
	on_retriever_error	当检索器运行出错时触发
CallbackManagerMixin	on_llm_start	当 LLM 开始运行时触发
	on_chat_model_start	当聊天模型开始运行时触发
	on_retriever_start	当检索器开始运行时触发
	on_chain_start	当链开始运行时触发
	on_tool_start	当工具开始运行时触发
RunManagerMixin	on_text	当运行任意文本时触发
	on_retry	当发生重试事件时触发
	on_custom_event	自定义事件处理逻辑

AsyncCallbackHandler 继承自 BaseCallbackHandler 并实现了异步回调处理的功能，它继承了所有的基础回调处理功能，并在此基础上增加了异步处理能力。

AsyncCallbackHandler 能够在不阻塞主线程的情况下处理回调，在复杂的应用场景中，特别是在涉及并行处理和需要快速响应的场景中，AsyncCallbackHandler 提供了一种有效的方式来解决这些需求。

8.2 使用回调的两种方式

在 LangChain 中，使用回调机制主要有两种方式。

8.2.1 构造器回调

构造器回调是在对象初始化时定义的，仅适用于该对象上发出的所有调用。例如，在初始化聊天模型时传递一个回调处理器，它将不会被附加到该链的其他子组件使用：

```
prompt = ChatPromptTemplate.from_template(" 给做 {product} 的公司起一个名字，不超过 5 个字 ")
class MyConstructorCallbackHandler(BaseCallbackHandler):
    def on_chain_start(self, serialized, prompts, **kwargs):
        print(" 构造器回调：链开始运行 ")
    def on_chain_end(self, response, **kwargs):
        print(" 构造器回调：链结束运行 ")
    def on_llm_start(self, serialized, prompts, **kwargs):
        print(" 构造器回调：模型开始运行 ")
    def on_llm_end(self, response, **kwargs):
        print(" 构造器回调：模型结束运行 ")

def constructor_test():
    callbacks = [MyConstructorCallbackHandler()]
    # 在对象初始化时使用回调处理器
    llm = ChatDeepSeek(model="deepseek-chat", callbacks=callbacks)
    chain = prompt | llm
    # 运行将使用初始化时定义的回调
    chain.invoke({"product": " 杯子 "})
```

在这个例子中，无论何时调用 chain.invoke，MyConstructorCallbackHandler 都只会在与 llm 相关的事件中触发，所以输出如下：

```
构造器回调：模型开始运行
构造器回调：模型结束运行
```

8.2.2 请求回调

在 LangChain 中，一个请求可能触发一系列子请求。例如，在 Chain 的 invoke 方法中使用请求回调时，这个回调不仅适用于外层的 Chain 调用，也适用于由此触发的所有子组件对象调用：

```
prompt = ChatPromptTemplate.from_template(" 给做 {product} 的公司起一个名字，不超过 5 个字 ")

class MyRequestCallbackHandler(BaseCallbackHandler):
    def on_chain_start(
        self, serialized: Dict[str, Any], inputs: Dict[str, Any], **kwargs
    ) -> None:
        print(f" 请求回调: {serialized.get('name') if serialized else ""} 开始运行 ")

    def on_chain_end(self, outputs: Dict[str, Any], **kwargs) -> None:
        print(f" 请求回调: 结束运行 {outputs}")
    def on_llm_start(
        self, serialized: Dict[str, Any], messages: List[List[BaseMessage]], **kwargs
    ) -> None:
        print(" 请求回调: 模型开始运行 ")
    def on_llm_end(self, response: LLMResult, **kwargs) -> None:
        print(" 请求回调: 模型结束运行 ")

def request_test():
    callbacks = [MyRequestCallbackHandler()]
    # 初始化 Chain, 不在构造器中传递回调处理器
    llm = ChatDeepSeek(model="deepseek-chat")
    chain = prompt | llm
    # 在请求中使用回调处理器
    chain.invoke({"product": " 杯子 "}, config={"callbacks": callbacks})
```

在这个例子中，当调用 chain.invoke 时，MyRequestCallbackHandler 不仅在 Chain 开始和结束运行时触发，还在内部 DeepSeek 模型调用开始和结束运行时触发。回调处理器被用于整个请求链，包括所有由 Chain 触发的子请求，所以输出如下：

```
请求回调: 开始运行
请求回调: ChatPromptTemplate 开始运行
请求回调: 结束运行 messages=[HumanMessage(content=' 给做杯子的公司起一个名字，不超过 5 个字 ']
请求回调: 模型开始运行
请求回调: 模型结束运行
请求回调: 结束运行 content='" 清水杯业 "'
```

了解完回调的调用方式，下一节着手实现自己的回调功能。

8.3 实现可观测性插件

借助回调机制，可以对 LLM 应用的运行时信息进行监控，同时记录日志，实现一个简单的可观测性插件。

OpenTelemetry 是一个用于观测分布式系统的开源项目，它提供了一套工具和 API 来收集和传输遥测数据（如度量、日志和追踪信息），这些数据可以用于监控应用的性能和健康状况，以及进行故障诊断。OpenTelemetry 支持多种编程语言和框架，并可以与各种监控工具集成，如 Grafana。下面基于 LangChain 的回调接口实现监控，并按照 OpenTelemetry 协议标准采集数据。

- ❑ **创建自定义回调处理器**：创建一个自定义的回调处理器，用于在 LLM 调用、检索器运行和工具运行过程中收集数据。
- ❑ **集成 OpenTelemetry**：在自定义回调处理器中集成 OpenTelemetry 的 API，以便在回调方法中收集和发送遥测数据。
- ❑ **采集指标**：确定需要采集的指标，如调用持续时间、成功 / 失败次数、响应时间等。

下面是完整的示例代码：

```python
# 设置 OpenTelemetry Tracer
trace.set_tracer_provider(TracerProvider(resource=Resource.create({SERVICE_NAME:
    "LangChainService"}))) 
tracer = trace.get_tracer(__name__)
otlp_exporter = OTLPSpanExporter()
trace.get_tracer_provider().add_span_processor(BatchSpanProcessor(otlp_exporter))

# 设置 OpenTelemetry Meter
meter_provider = MeterProvider(resource=Resource.create({SERVICE_NAME: "LangChainService"}))
meter = meter_provider.get_meter("langchain_metrics", version="0.1")
metric_reader = PeriodicExportingMetricReader(ConsoleMetricExporter())

# 创建度量
requests_counter = meter.create_counter(
    name="requests",
    description="Number of requests.",
    unit="1",
)
requests_duration = meter.create_histogram(
    name="requests_duration",
    description="Duration of requests.",
    unit="ms",
)

# 自定义回调处理器
class MonitoringCallbackHandler(BaseCallbackHandler):
    def on_chain_start(self, serialized, prompts, **kwargs):
        self.llm_span = tracer.start_span("Chain Call")
        self.llm_start_time = time.time()
```

```
def on_chain_end(self, response, **kwargs):
    self.llm_span.end()
    duration = (time.time() - self.llm_start_time) * 1000  # 转换为毫秒
    requests_duration.record(duration, {"operation": "chain"})
    requests_counter.add(1, {"operation": "chain", "status": "success"})

def on_llm_start(self, serialized, prompts, **kwargs):
    self.retriever_span = tracer.start_span("LLM Call")
    self.retriever_start_time = time.time()

def on_llm_end(self, response, **kwargs):
    self.retriever_span.end()
    duration = (time.time() - self.retriever_start_time) * 1000  # 转换为毫秒
    requests_duration.record(duration, {"operation": "llm"})
    requests_counter.add(1, {"operation": "llm", "status": "success"})
```

然后在 OpenTelemetry Collector 中观察收集的运行时信息，如图 8-1 所示。

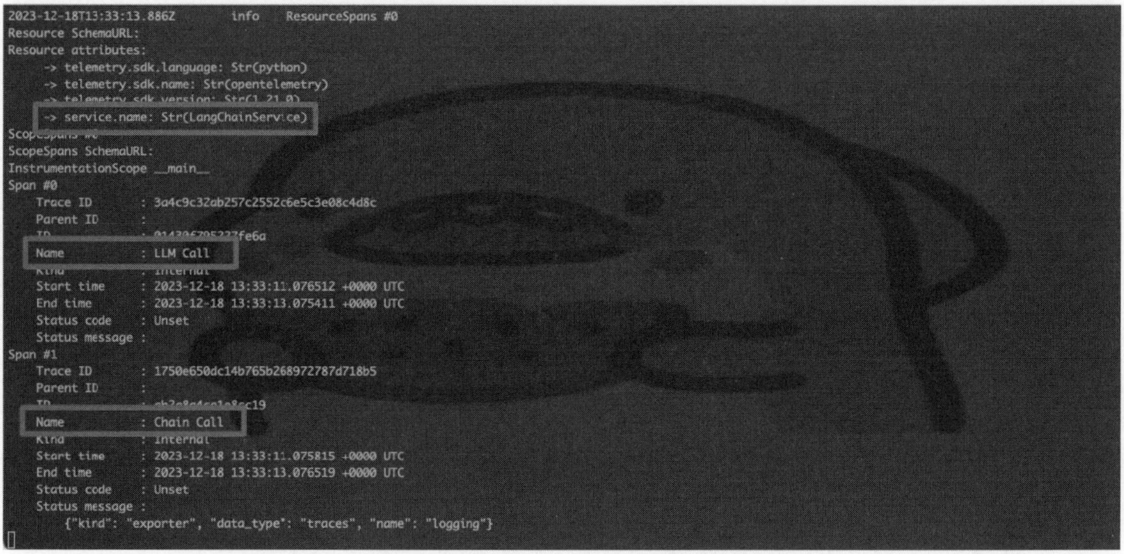

图 8-1　LangChain 运行时信息采集

这样就可以很方便地复用团队现有的基础设施组件，把 LangChain 应用监控起来。

LangChain 的回调机制提供了一种灵活、高效的方式来构建和维护复杂的数据处理流程，尤其适用于需要高度自定义和跟踪用户交互的 LLM 应用场景。

## 第 9 章

构建多模态智能机器人

在前面的章节中，我们深入探讨了 LangChain 的关键概念。本章将通过实际编码操作，引导大家一步步打造一个多模态智能机器人。在此过程中，我们不仅会充分利用 LangChain 的多个组件，还会展示这些组件如何协同工作，共同发挥作用。

9.1　需求思考与设计

在软件开发过程中，需求思考和分析是至关重要的步骤。正如古语"凡事预则立，不预则废"所强调的，事先的规划和准备是成功的关键。这个原则在软件工程中尤为重要，它可以确保最终产品能满足用户的需要，并且能够高效、可靠地工作。

9.1.1　需求分析

多模态智能机器人应当拥有类似于人类的感知能力：听（语音识别）、说（文本到语音的转换）、看（图像识别）以及画（图像生成）。此外，它应该能够自动识别用户的意图，并根据需要选择适当的功能进行响应；能够处理文件，根据文件内容与用户进行交流；具备诸如日程管理、网络搜索和任务规划等实用功能，可帮助我们解决生活中的问题。更为重要的是，它应该能在多轮对话中保持记忆，避免随着对话深入而反应变得混乱。

9.1.2　应用设计

考虑到飞书、钉钉和企业微信等通信工具需要企业资质认证才能申请特殊的 API 权限，我们选择 Slack 作为应用平台。

注：Slack 是一款面向办公场景的通信工具，主要用于团队间的协作和沟通，其主要特点如下。

- **创建频道**：创建不同的频道，用于讨论各种话题或项目。
- **私信与群聊**：支持私下对话和小组聊天。
- **第三方集成**：可以集成多种应用和服务，如 Trello、GitHub 等，方便在一个平台上管理工作流。
- **自定义机器人**：支持用户自定义机器人，用于自动化部分工作任务。

我们将利用 Slack 的自定义机器人功能，以其聊天窗口作为用户交互界面，并使用 Flask 作为后端处理 Slack 事件。智能机器人的核心将采用 LangChain 的智能代理组件进行封装，这样它就可以根据用户的请求自动选择不同的工具进行处理。此外，智能机器人还能独立处理文档问答和文章推送等任务，如图 9-1 所示。

注：Flask 是一个用 Python 编写的轻量级 Web 应用开发框架，简单易用，适合快速构建基本的 Web 应用。同时，它具备足够的灵活性，支持复杂应用的开发。

图 9-1　应用交互流程

Slack 事件和 Webhook 机制是应用中前后端通信的关键组成部分，我们需要简要了解它们的基本概念和用途。

1. Slack 事件

事件 API 允许应用接收关于特定事件的实时通知，比如某人发送消息、加入频道或做出反应等。要使用此功能，需要在 Slack 应用设置中订阅特定事件。

工作流程

- ❑ **订阅事件**：在 Slack 应用配置中指定需要监听的事件。
- ❑ **设置事件接收服务器**：当事件发生时，Slack 会向指定的 URL 发送 HTTP POST 请求。
- ❑ **验证请求**：通过签名验证机制确保请求的安全性。
- ❑ **处理事件**：在服务器上接收事件并做出响应。

2. Webhook 机制

- ❑ **入站 Webhook**：允许外部源通过 HTTP POST 请求向指定的 Slack 频道或用户发送消息。
- ❑ **出站 Webhook**：当 Slack 中出现特定触发词或短语时，Slack 会向指定的 URL 发送数据，可用于触发外部服务的动作。
- ❑ **设置 Webhook URL**：在 Slack 应用配置中获取（入站）或设置（出站）Webhook URL。

下面我们快速在 Slack 上创建一个应用，并配置相应的功能。

9.1.3　Slack 应用配置

首先，访问 Slack API 页面，开始创建第一个 Slack 应用程序，如图 9-2 所示。

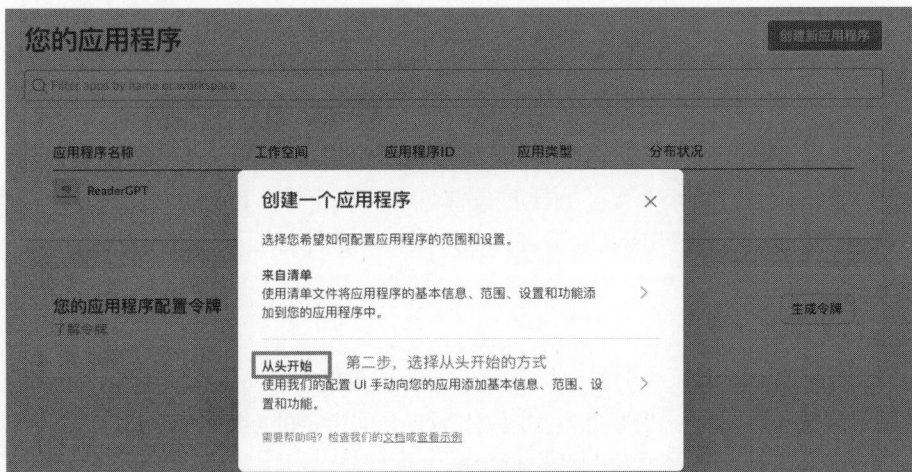

图 9-2 创建应用

然后，设置应用程序名称，选择工作区（工作区可以视为一个独立的沟通和协作空间，通常代表一个组织、公司或团队），接着点击"创建应用程序"按钮即可，如图 9-3 所示。

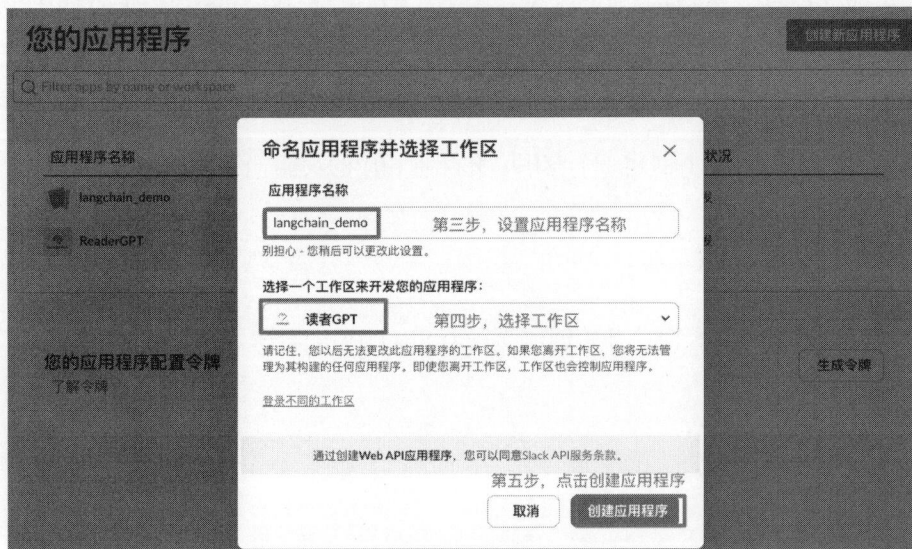

图 9-3 应用配置

接下来，为应用开通一些必要的特性和功能（如图 9-4 所示），这些在后面实现机器人的特定能力时会用到。

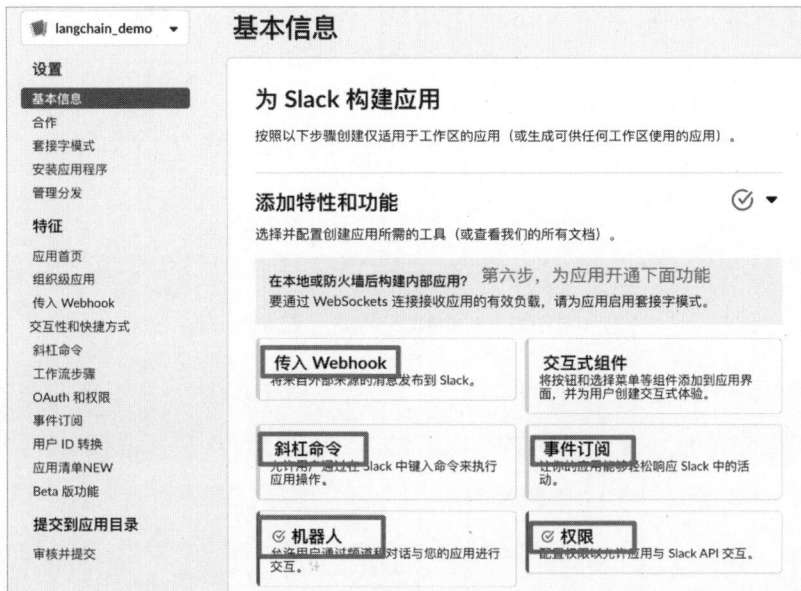

图 9-4　添加特性和功能

重点是启用事件订阅，其中请求 URL 即是响应 Slack 事件的后端服务 URL（如图 9-5 所示），例如 https://my.app.com/slack/action-endpoint，这里的 my.app.com 指的是运行服务的服务器地址。

图 9-5　开启事件订阅

最后，订阅机器人事件，允许 Slack 机器人监听并响应特定的事件或活动，如图 9-6 所示。

图 9-6　订阅机器人事件

还有两个关键步骤：一是获取工作区的 OAuth 令牌 SLACK_TOKEN（如图 9-7 所示），用于授权我们的应用访问特定 Slack 工作区的数据和功能；二是获取应用的签名密钥 SLACK_SIGNING_SECRET（如图 9-8 所示），用于验证 Slack 发出的请求的真实性，以防中间人攻击。

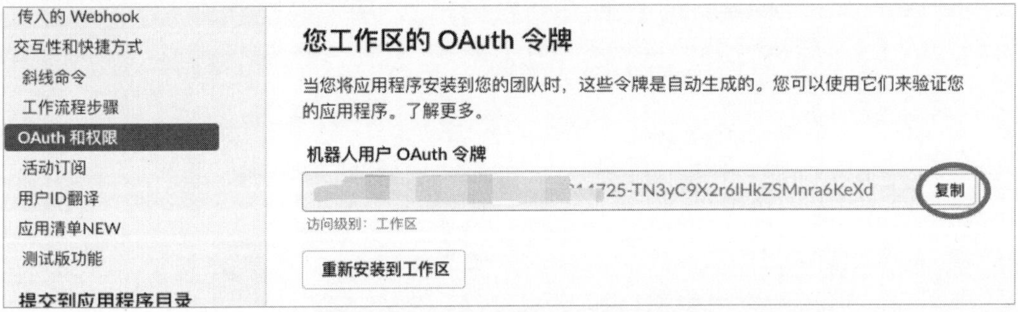

图 9-7　保存工作区的 OAuth 令牌

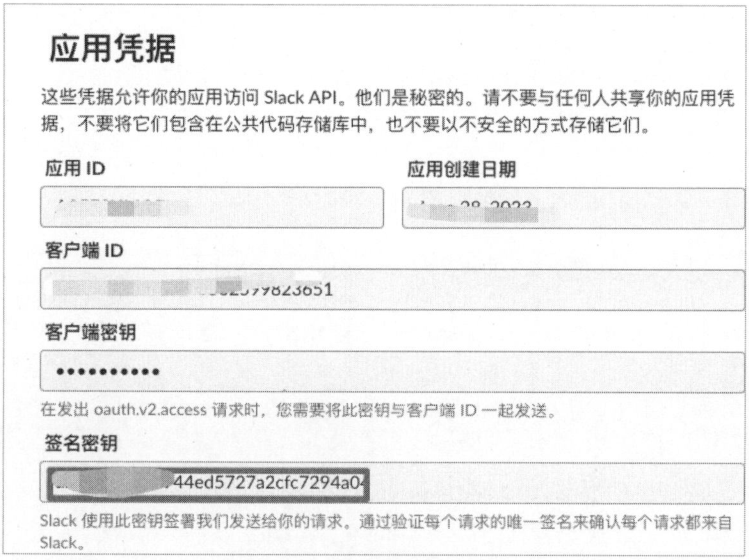

应用凭据

这些凭据允许你的应用访问 Slack API。他们是秘密的。请不要与任何人共享你的应用凭据，不要将它们包含在公共代码存储库中，也不要以不安全的方式存储它们。

应用 ID

应用创建日期

客户端 ID

客户端密钥

在发出 oauth.v2.access 请求时，您需要将此密钥与客户端 ID 一起发送。

签名密钥

44ed5727a2cfc7294a04

Slack 使用此密钥签署我们发送给你的请求。通过验证每个请求的唯一签名来确认每个请求都来自 Slack。

图 9-8　保存应用签名密钥

完成上述配置后，我们的 Slack 应用就准备就绪了。接下来，我们将进入编码实践阶段。

9.2　利用 LangChain 开发应用

本节将深入讲解如何利用 LangChain 实现前文提及的应用功能。

9.2.1　构建 Slack 事件接口

使用 Flask 和 Slack Bolt 库构建一个能够响应 Slack 事件的后端接口。通过 `SlackRequestHandler` 转换 Slack 的请求，使其适应 Flask 的处理模式，并创建一个 App 实例来配置 OAuth 令牌和签名密钥。此外，我们还将设置特定事件的处理逻辑和错误处理逻辑。

```python
def main():
    app = Flask(__name__)  # 初始化 Flask 应用实例

    slack_app = init_slack_app()  # 初始化 Slack 应用

    slack_handler = SlackRequestHandler(slack_app)  # 创建 Slack 请求处理器
```

```python
@app.route("/webhook/events", methods=["POST"])  # 设置路由以处理 Slack 事件
def slack_events():
    return slack_handler.handle(request)  # 用 Slack 请求处理器处理请求

def init_slack_app() -> App:
    """ 初始化并配置 Slack 机器人应用 """
    # 创建 App 实例, 配置 token 和 signing_secret
    slack_app = App(
        token=os.environ.get("SLACK_TOKEN"),  # Slack 的 OAuth 令牌
        signing_secret=os.environ.get("SLACK_SIGNING_SECRET"),  # Slack 的签名密钥
        raise_error_for_unhandled_request=True  # 对未处理的请求抛出异常
    )
    # 设置错误处理逻辑
    @slack_app.error
    def handle_errors(error):
        if isinstance(error, BoltUnhandledRequestError):  # 处理未处理的请求错误
            return BoltResponse(status=200, body="")
        else:
            return BoltResponse(status=500, body=" 出现错误！ ")  # 其他错误处理

    slack_api_handler = SlackAPIHandler(slack_app.client)  # 创建 Slack API 事件处理器

    # 设置消息事件处理逻辑
    @slack_app.event("message")
    def handle_message(event, say, logger):
        slack_api_handler.process_event(event, say, logger)  # 处理接收到的消息事件

    return slack_app  # 返回配置好的 Slack 应用实例
```

至此，我们的机器人已具备与 Slack 通信的能力。

9.2.2 消息处理框架

下面详细探讨 Slack 消息的处理逻辑，主要包括消息上下文管理、事件处理、文件上传、文件下载和对话处理等关键部分。

1. 消息上下文管理

首先，我们定义了一个 SlackContext 类来保存处理消息时所需的上下文信息，如事件数据、用户信息和线程时间戳：

```python
class SlackContext:
    def __init__(self, event: dict, say, user: str, thread_ts: str):
        self.event = event
        self.say = say
        self.user = user
        self.thread_ts = thread_ts
```

2. SlackAPIHandler 类

SlackAPIHandler 类作为程序的核心，初始化时接收 Slack 应用实例并设置基本属性。它将执行文件类型检查、文件大小限制等功能：

```python
class SlackAPIHandler:
    def __init__(self, slack_app):
        self.client = slack_app.client
        self.voice_extension_allowed = ['m4a', 'webm', 'mp3', 'wav']
        self.max_file_size = 10 * 1024 * 1024  # 文件大小限制
        # ……其他代码……
```

3. 事件处理

process_event 方法是处理 Slack 消息事件的入口。它创建 SlackContext 实例来保存消息上下文，并处理文件上传及对话：

```python
def process_event(self, event: dict, say, logger) -> None:
    user = event["user"]
    thread_ts = event["ts"]
    context = SlackContext(event, say, user, thread_ts)
    self.handle_file_upload(context)  # 处理文件上传
    print(f"收到的消息: {event['text']}")
    # ……处理文件上传和上下文创建
```

4. 文件上传

在 handle_file_upload 方法中检查文件类型和文件大小，确保它们符合预设的标准：

```python
    def handle_file_upload(self, context: SlackContext) -> Tuple[Optional[str], Optional[str]]:
        file = context.event['files'][0]
        filetype = file["filetype"]
        say = context.say
        user = context.user
        thread_ts = context.thread_ts
```

```
    if filetype != "pdf":
        say(f"<@{user}>，当前只支持 PDF 文件格式 ", thread_ts=thread_ts)

    if file["size"] > self.max_file_size:
        say(f"<@{user}>，文件大小超出限制 ({self.max_file_size / 1024 / 1024}MB)",
            thread_ts=thread_ts)
```

5. 文件下载

download_file 方法用于下载文件并将其保存至服务器。我们使用 generate_md5_name 方法根据文件内容生成唯一的 MD5 名称，以避免重复下载：

```
def download_file(self, file: dict, user: str) -> Optional[str]:
    url_private = file["url_private"]
    temp_file_path = index_cache_dir / user
    temp_file_path.mkdir(parents=True, exist_ok=True)
    temp_file_filename = temp_file_path / file["name"]
    # 执行下载
    with open(temp_file_filename, "wb") as f:
        response = requests.get(url_private, headers={"Authorization": "Bearer " +
            self.client.token})
        f.write(response.content)
        # 生成 MD5 名称
        filetype = file["filetype"]
        file_md5_name = self.generate_md5_name(temp_file_filename, filetype)
        return file_md5_name
```

6. 对话处理

在 process_conversation 方法中，我们将直接调用代理引擎接口，根据代理的响应决定是否附加图片或语音消息：

```
def process_conversation(self, context: SlackContext, dialog_text: Optional[str]) -> None:
    response, file_path = langchain_agent(context.user, dialog_text)
    if response:
        context.say(f"<@{context.user}>, {response}", thread_ts=context.thread_ts)
    if file_path:
        self.client.files_upload_v2(file=file_path, channel=context.event["channel"],
            thread_ts=context.thread_ts)
```

通过以上步骤，我们搭建好了一个能处理 Slack 消息并进行基本对话的机器人框架。接下来的核心任务是实现多模态代理。

9.2.3　实现多模态代理

对话机器人需要能够处理各种常见的消息类型，如文本、语音、图片文件等。本节将重点介绍多模态代理的实现。

- **文本消息**：直接利用 LangChain 封装的聊天模型来生成回应。
- **语音消息**：首先将语音转换为文本，然后根据需求决定是否需要用语音回复，若需要则调用语音生成工具。
- **图片消息**：识别用户意图，根据需要决定是否生成相应的图片，若需要则调用图片生成工具。
- **文件消息**：使用 RAG 技术对 PDF 文件进行预处理，根据用户意图自动检索相关内容并回答。

此外，代理还提供联网搜索功能，以应对超出模型知识范围的用户问题。

1. 代理声明

代理执行函数的核心职责是解析用户输入，调用适当的工具并生成合适的响应。我们首先定义几个辅助工具：搜索工具、图像生成工具和语音生成工具。聊天模型选用 DeepSeek 模型，并将温度参数设置为 0.3，以获得更准确的回答：

```
model = ChatDeepSeek(model="deepseek-chat", temperature=0.3)
tools = [generate_voice, generate_image, TavilySearchResults(max_results=1)]
```

接着，设定对话系统提示词模板，为模型绑定工具：

```
# 处理对话并使用 LLM 生成回应
def agent(state: MessagesState) -> MessagesState:
    prompt = ChatPromptTemplate.from_messages([
        (
            "system",
            "与人类对话，尽可能回答问题，你可以使用工具"
        ),
        ("placeholder", "{messages}"),
    ])
    model = ChatDeepSeek(model="deepseek-chat", temperature=0.3)
    model_with_tools = model.bind_tools(tools)
```

有了模型和模板后，我们使用 LCEL 语法创建运行链，作为代理执行载体：

```
bound = prompt | model_with_tools
    prediction = bound.invoke({
        "messages": state["messages"]
    })
    return {
        "messages": [prediction],
}
```

最后定义代理在对话中的行为模式，根据最后一条消息决定下一步操作：

```
def route_tools(state: MessagesState):
    msg = state["messages"][-1]
    # 如果消息需要调用工具，返回 "tools"
    if msg.tool_calls:
        return "tools"
    # 否则结束当前对话轮次
return END
```

2. 代理执行

我们创建一个 LangGraph 状态图来处理用户的查询，它能够访问用户的历史消息，并根据当前对话上下文生成回应：

```
# 初始化状态图
builder = StateGraph(MessagesState)

# 添加节点
builder.add_node(agent)
builder.add_node("tools", ToolNode(tools))
# START -> agent 进入代理处理
builder.add_edge(START, "agent")
# agent -> [tools, END]: 代理处理后根据 route_tools 函数的返回结果选择路径
builder.add_conditional_edges(
    "agent",          # 源节点
    route_tools,      # 路由决策函数
    ["tools", END]    # 可能的目标节点
)
# tools -> agent: 工具调用完成后返回代理处理
builder.add_edge("tools", "agent")
graph = builder.compile()
def langchain_agent(user, query):
    config = {"configurable": {"user_id": user, "thread_id": "1"}}
    response = graph.invoke({"messages": [("user", query)]},
```

```
        config=config)
return response["messages"][-1].content
```

3. LangChain 工具

下面定义几个 LangChain 工具，它们是执行特定任务的基础，每个工具都支持特定的输入和输出，以及执行特定任务的能力。

- ❑ **生成图像工具**：用于根据描述生成图像的工具。

```
@tool
def generate_image(description: str) -> Path:
    """ 使用图像生成 API 来生成图像 """
    response = openai.Image.create(
        model="dall-e-3",
        prompt=description,
        size="1024x1024",
        quality="standard",
        n=1,
    )
image_url = response.data[0].url
...
```

- ❑ **搜索工具**：用于执行搜索查询的工具，特别是当用户提出关于最近新闻的问题时使用。

```
# 工具描述
DESCRIPTION = """
用于回答有关最近新闻的问题，仅在用户明确请求时使用。
输入：查询内容
输出：搜索结果
"""
```

- ❑ **生成语音工具**：用于根据文本生成语音的工具。

```
@tool
def generate_voice(text: str, voice_name: Optional[str] = None) -> Path:
    """ 将文本转换为语音文件 """
    speech_config = SpeechConfig(subscription=SPEECH_KEY, region=SPEECH_REGION)
    speech_config.set_speech_synthesis_output_format(SpeechSynthesisOutputFormat.
        Audio16Khz32KBitRateMonoMp3)
    speech_config.speech_synthesis_language = "zh-CN"
    file_name = f"{voice_cache_dir}/{uuid.uuid4()}.mp3"
    file_config = AudioOutputConfig(filename=file_name)
```

```
synthesizer = SpeechSynthesizer(speech_config=speech_config, audio_config=file_config)
ssml = convert_to_ssml(text, voice_name)
result = synthesizer.speak_ssml_async(ssml).get()
```

这里的文本转换为语音时，借助 SSML 效果会更好。SSML 是一种基于 XML 的语音合成标记语言，与纯文本的合成相比，它能够极大地丰富合成内容，使最终的合成效果更具多样性。SSML 的功能不仅限于控制语音合成的内容，它还能精细调控朗读方式，包括但不限于断句、发音、语速、停顿、语调、音量等多种语音特性，甚至允许添加背景音乐，从而实现更为生动、多维的语音输出效果。

```
def convert_to_ssml(self, text: str, voice_name: Optional[str] = None) -> str:
    # 检测文本的语言
    lang_code = self.detect_language(text)
    # 如果没有指定语音名称，则根据语言代码随机选择一个声音
    # lang_code_voice_map 是一个字典，将语言代码映射到相应的语音名称列表
    voice_name = voice_name or random.choice(lang_code_voice_map.get(lang_code, lang_code_
        voice_map['zh']))
    # 构建 SSML 的基本结构，设置版本和命名空间，指定语言代码
    ssml = f'<speak version="1.0" xmlns="http://www.w3.org/2001/10/synthesis" xml:lang="zh-CN">'
    # 在 SSML 中加入 voice 标签，设置语音名称并嵌入待转换的文本
    ssml += f'<voice name="{voice_name}">{text}</voice>'
    # 结束 speak 标签
    ssml += '</speak>'
    # 返回构建的 SSML 字符串
    return ssml
```

总结一下，代理首先检查消息历史以获取对话的上下文，然后评估用户的请求，并决定使用哪些工具来生成回应。例如，用户请求图像，执行器将调用图像生成工具；用户询问最近的新闻，执行器可能使用搜索工具。通过综合考虑用户的历史交互和当前需求，智能代理能够生成更加人性化、贴近用户意图的回答。

9.3 应用监控和调优

开发 LLM 应用的过程虽然充满挑战，但开发阶段的结束并不意味着一切就此完成。实际上，这只是整个项目的起点。接下来，我们将步入更为关键的阶段——上线监控和调优。在这个阶段，我们的目标是持续改进模型的回答质量，并提升应用的输出效果。这个过程是长期且持续的，需要不断地调整和优化。

9.3.1 应用监控

在生产环境中部署 LangChain 应用时，一系列的调试工具和平台能够帮助我们有效地识别和解决问题，确保应用的稳定运行。首先，可以使用具备跟踪功能的平台，如 LangSmith 和 W&B，这些平台专为生产级别的 LLM 应用设计，能够帮助我们更好地监控和优化性能。其次，在原型设计阶段，打印链条运行的中间步骤对调试非常有帮助，可以通过启用不同级别的日志记录来查看详细信息。例如，通过使用 set_debug(True) 设置全局调试标志，可以让 LangChain 的所有支持组件（如链条、模型、代理、工具、检索器）打印它们接收的完整原始输入和输出；而使用 set_verbose(True) 则可以以更易读的格式打印输入和输出。最后，利用回调进行调试也是一种有效的方法，回调可以用于执行组件主逻辑之外的任何功能。借助 LangChain 提供的与调试相关的回调组件，如 FileCallbackHandler，甚至可以实现自定义的回调组件来执行特定的功能。

这些工具和平台共同为 LangChain 应用的稳定运行提供了强有力的支持。

9.3.2 模型效果评估

模型效果评估是指系统地检查和分析语言模型的输出或行为，以确定其性能水平。这通常包括考量准确性、一致性、可靠性和响应时间等方面。在更复杂的应用场景中，例如使用 LangChain 构建的智能代理，评估过程还可能涉及对整个决策过程或行为轨迹的分析，以确保它们符合预期目标。

对大模型的评估主要包括几个步骤：首先，创建一组包含问题和标准答案的相关问答测试集；其次，让大模型回答测试集中的所有问题，并收集它给出的所有答案；然后，将这些答案与问答测试集中的标准答案进行比对，并对大模型的表现进行评分。为了简化这一过程，LangChain 提供了一种名为 QAGenerateChain 的方法，可以自动创建大量问答测试集，大大减少手动创建测试数据集的人力成本和时间成本。

此外，LangChain 还提供了多种评估器来帮助衡量大模型在不同数据上的性能和回答的完整性，其中包括字符串评估器（string evaluator），它通过将大模型生成的输出（预测）与参考字符串或输入进行比较来评估性能；轨迹评估器（trajectory evaluator），用于评估代理行为的整个决策轨迹；比较评估器（comparison evaluator），用于比较同一输入在不同运行中的预测结果。

9.3.3　模型备选服务

当接入的大模型出现调用失败时，仅仅重复使用相同的提示并不总是有效。这时，可能需要采用不同的提示词模板，发送经过改动的提示，这正是模型备选方案发挥作用的时候。备选方案的设计旨在应对主模型无法正常工作的情况，比如 API 受限或系统宕机，此时系统会自动切换到备选模型，以确保应用的连续运行和稳定性。LangChain 的容错机制就允许开发者为可能出现的运行时错误或限制预设备选方案，从而大幅提升应用的健壮性和可靠性。

9.3.4　模型内容安全

内容安全是确保大模型的输出不含有害、误导性或不符合人类价值观的信息的关键。为了提高大模型输出的安全性，可以采取以下措施。首先，利用亚马逊的 Comprehend 服务来检测个人可识别信息（PII）和有害内容。其次，通过制定规则来引导模型的行为，确保其输出与这些规则相符。再次，检测并应对提示词注入攻击，以防止恶意输入干扰模型输出。此外，还应检查模型输出中的逻辑错误并进行纠正。最后，对模型的输出进行有害内容检查，并做出标记。这些措施共同构成了一套全面的安全保护机制，确保大模型输出的质量和安全性。

9.3.5　应用部署

在部署 LLM 应用时，有几个关键方面需要特别注意。首先，需要选择合适的大模型服务，既可以使用外部大模型服务提供商，也可以基于开源模型自建推理服务。其次，监控至关重要，需要跟踪性能和质量指标，例如每秒查询数、响应延迟、每秒生成的令牌数等。再次，构建容错性也很重要，可以通过增加冗余、实施故障恢复机制来降低风险。然后，维持成本效率和可扩展性也是重要考量，可以通过资源管理和自动扩展等策略来实现。最后，确保快速迭代也很关键，要避免局限于特定框架的解决方案，而应寻求通用、可扩展的服务层，以适应不断变化的需求。

尽管本章只介绍了一个简单的 LangChain 实践示例，但它触及了众多要点。LLM 应用的开发生态正处于起步阶段，蕴藏着众多值得探索的潜力。

## 第 10 章

社区和资源

LangChain 框架在不断改进，本书的内容也会过时，所以本章集中整理了一些社区和资源，以方便读者朋友持续关注 LangChain 的最新进展。

10.1 LangChain 社区介绍

我们的 LangChain 学习之旅已接近尾声，接下来将进入 LLM 应用开发的广阔天地。为了帮助大家继续深入探索，本节将介绍 LangChain 社区的相关内容。

10.1.1 官方博客

LangChain 官方博客是学习的宝库，其主要内容如下。

- ❑ LangChain 项目的最新动态，如版本更新和新特性介绍。
- ❑ LangChain 开发团队发布的高质量技术文章，涵盖智能代理设计、RAG 等话题。
- ❑ 利用 LangChain 构建生产级 LLM 应用的案例分享。

LangChain 官方博客支持 RSS 和邮件订阅，方便我们持续关注。

10.1.2 项目代码与文档

- ❑ Python 版本 LangChain 的代码仓库是使用最广泛的，其官方文档提供了详细的快速入门指南、案例介绍和核心模块讲解。
- ❑ JavaScript 版本的 LangChain 也在积极发展，其代码仓库和文档也值得关注。
- ❑ 擅长 Java 语言的读者可查看非官方项目 langchain4j。

10.1.3 社区贡献

LangChain 社区欢迎各种形式的贡献。

❑ **完善文档**：如果在学习过程中发现文档中有不清晰或不完整之处，可以协助完善。文档位于项目的 docs 目录下，包括使用说明和代码文档。

❑ **反馈和修复问题**：在 LangChain 使用过程中遇到的问题可以在 GitHub 问题讨论区反馈。所有问题都按类型（auto 标签）和模块（area 标签）分类，方便查找和处理，如图 10-1 所示。

61 labels		
applications		
area: agent	Related to agents module	⊙ 258
area: doc loader	Related to document loader module (not documentation)	⊙ 235
area: embeddings	Related to text embedding models module	⊙ 184
area: langserve		
area: lcel		⊙ 4
area: memory	Related to memory module	⊙ 114
area: models	Related to LLMs or chat model modules	⊙ 833
area: vector store	Related to vector store module	⊙ 347
auto:bug	Related to a bug, vulnerability, unexpected error with an existing feature	⊙ 866
auto:documentation	Changes to documentation and examples, like .md, .rst, .ipynb files. Changes to the docs/ folder	⊙ 119
auto:enhancement	A large net-new component, integration, or chain. Use sparingly. The largest feature	⊙ 278

图 10-1　LangChain 问题分类标签

❑ **贡献代码**：LangChain 是一个开源项目，鼓励开发者贡献代码。详细的贡献流程和规范可以在 LangChain 官方文档中找到。

❑ **贡献集成**：LangChain 支持通过第三方集成扩展功能。可在 LangChain 集成中心查看现有集成，如图 10-2 所示，并通过贡献自己的集成来扩展 LangChain 的功能。

❑ **报告安全漏洞**：发现安全漏洞时，可以发送邮件至 security@langchain.dev 进行报告。

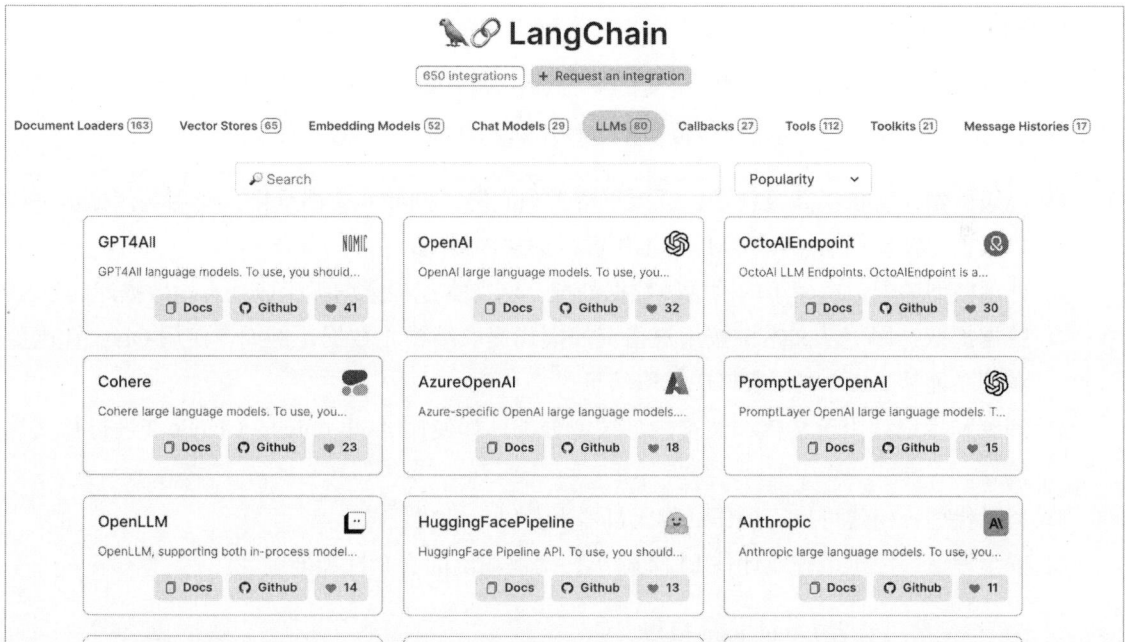

图 10-2　LangChain 第三方集成

10.1.4　参与社区活动

LangChain 提供了丰富的社区活动和大量的参与机会。

❑ 参加线上会议、活动和黑客马拉松。详情可查看 LangChain 的全球活动日历。
❑ 推广个人作品和项目。可以向 LangChain 官方提交有趣的作品和项目，分享经验和成果。

以上资源和活动为大家在 LLM 应用开发领域的深入学习提供了一个良好的起点。

10.2　资源和工具推荐

在探索 LangChain 应用开发时，除了 LangChain 核心知识外，还有一些额外的资源和工具可以帮助开发者更高效地构建和优化应用。本节将介绍 LangChain 的模板、LangServe 以及 LangSmith。

10.2.1 模板

1. 用途

LangChain 模板提供了一系列预定义的框架和代码示例，使开发者能够迅速启动并实现复杂功能，而无须从零开始。这些模板覆盖了多种用途和功能。

- 高级检索：涵盖了高级技术，适用于聊天和问答。例如，文档重排、使用迭代提示进行检索，以及使用 Neo4j 或 MongoDB 进行父文档检索。
- 开源模型适配：适用于内网敏感数据处理，例如本地检索增强生成和本地数据库问答。
- 数据提取：用于从文本中按用户指定的模式提取结构化数据，例如，使用 OpenAI 函数调用功能从 Excel 电子表格中提取信息。
- 摘要和标记：用于文档和文本的总结或分类，如使用 Anthropic 的 Claude 2 进行长文档摘要。
- 智能代理：构建可执行操作的聊天机器人，以自动化任务。
- 安全评估：用于审查或评估 LLM 输出，确保输出的安全性和准确性。

更多模板细节可查看 LangChain 模板文档。

2. 使用过程

以 rag-conversation 模板为例，它是 LangChain 提供的对话检索模板之一，适用于大模型的流行应用场景，其核心功能是结合对话历史和检索到的文档，交由 LLM 进行综合处理。这种方式使聊天机器人在回答问题时更加智能且上下文相关，能提供更准确和丰富的信息。

- **安装 LangChain CLI**

```
pip install -U langchain-cli
```

- **引入模板**

基于模板创建一个新项目：

```
langchain app new my-app --package rag-conversation
```

或者将模板添加到现有项目中：

```
langchain app add rag-conversation
```

- 在 server.py 文件中添加以下代码

```
from rag_conversation import chain as rag_conversation_chain
add_routes(app, rag_conversation_chain, path="/rag-conversation")
```

- 启动应用实例

```
langchain serve
```

- 访问和使用模板

  - 访问 http://127.0.0.1:8000/rag-conversation/playground 进入 playground。
  - 也可以通过代码访问模板：

```
from langserve.client import RemoteRunnable
runnable = RemoteRunnable("http://localhost:8000/rag-conversation")
```

通过以上步骤，你可以利用 rag-conversation 模板快速构建基于对话检索的应用，让你的聊天机器人更加智能地处理和回应用户的请求。

10.2.2 LangServe

其实我们在前面模板的例子中已经体验过 LangServe 了。LangServe 是一个帮助开发者将 LangChain 的可运行对象（Runnable）和链部署为 RESTful API 的库，它与 FastAPI（一个高性能、易用且现代的 Python Web 框架）集成，并使用 Pydantic（一个用于 Python 的数据验证和解析库）进行数据验证。LangServe 还提供了一个客户端，用于调用部署在服务器上的可运行对象。对于 JavaScript 用户，LangChainJS 也提供了客户端。

1. 用途

- ❑ **部署 LangChain 应用**：LangServe 使开发者能够将 LangChain 应用作为 RESTful API 部署，从而简化了应用的访问和集成。
- ❑ **自动化推断输入和输出模式**：自动从 LangChain 对象推断输入和输出模式，并在每次 API 调用时强制执行，提供丰富的错误消息。
- ❑ **API 文档和 Swagger 支持**：提供 API 文档页面，支持 JSON Schema 和 Swagger。
- ❑ **高效的 API 调用**：支持直接调用（invoke）、批处理（batch）和流式（stream）等多种方式的 API 调用，支持在单台服务器上处理多个并发请求。

❑ **内置跟踪功能**：可选的跟踪功能，通过添加 API 密钥即可实现。

2. 使用过程

● **安装**

安装 LangServe 客户端和服务器：

```
pip install "langserve[all]"
```

或分别安装客户端和服务器：

```
pip install "langserve[client]"
pip install "langserve[server]"
```

● **使用 LangChain CLI 快速启动项目**

确保安装了最新版本的 langchain-cli：

```
pip install -U langchain-cli
```

使用 CLI 创建新项目：

```
langchain app new langserver_demo
```

● **服务器示例**

下面是一个部署 DeepSeek 聊天模型讲特定主题的笑话的服务器示例。在 langserver_demo/app/server.py 文件中编写以下代码：

```
from fastapi import FastAPI
from langchain_core.prompts import ChatPromptTemplate
from langchain_deepseek import ChatDeepSeek
from langserve import add_routes

app = FastAPI(
  title="LangServer",
  version="0.1",
  description="A simple api server by langserver",
)
```

```
add_routes(app, ChatDeepSeek(model="deepseek-chat"), path="/deepseek")

model = ChatDeepSeek(model="deepseek-chat")
prompt = ChatPromptTemplate.from_template("讲一个关于 {topic} 的笑话。")
add_routes(app, prompt | model, path="/joke")

if __name__ == "__main__":
  import uvicorn
  uvicorn.run(app, host="localhost", port=8000)
```

- **客户端示例**

使用 Python SDK 调用 LangServe 服务器：

```
from langchain_core.messages import SystemMessage, HumanMessage
from langchain_core.prompts import ChatPromptTemplate
from langchain_core.runnables import RunnableMap
from langserve import RemoteRunnable

joke_chain = RemoteRunnable("http://localhost:8000/joke/")
joke_chain.invoke({"topic": "股市"})
```

通过 LangServe，开发者可以将 LangChain 应用作为 API 服务部署，从而在各种开发环境中轻松访问和集成 LangChain 功能。

10.2.3　LangSmith

1. 用途

LangSmith 是一个为 LLM 应用和代理提供调试、测试和监控功能的统一平台，旨在帮助开发者在将 LLM 应用推向生产环境中时进行必要的定制和迭代，以保证产品质量。LangSmith 在以下场景中特别有用。

- ❑ 快速调试新的链、代理或工具集。
- ❑ 可视化组件（如链、LLM、检索器等）之间的关系及其使用方式。
- ❑ 评估单个组件使用不同提示词和大模型的效果。
- ❑ 在数据集上多次运行特定链，以确保其始终满足质量标准。

2. 使用过程

- **创建 LangSmith 账户并生成 API 密钥**

  在 LangSmith 平台创建账户并生成 API 密钥（截至本书完稿时，LangSmith 还处于封闭测试阶段，可以在注册页面进行申请）。

- **配置环境变量**

  设置 LANGCHAIN_TRACING_V2 环境变量为 true，以告诉 LangChain 记录追踪信息。

  设置 LANGCHAIN_PROJECT 环境变量指定项目（如果未设置，则记录到默认项目中）。

- **创建 LangSmith 客户端**

  使用 LangSmith 的 Python 客户端与 API 交互：

  ```
  from langsmith import Client
  client = Client()
  ```

- **创建并运行 LangChain 代理**

  创建一个 LangChain 代理，配置数学计算工具（如 math_add），并将运行结果记录到 LangSmith 平台：

  ```
  model = ChatTongyi(temperature=0)
  model_with_tools = model.bind_tools([math_add])
  # 创建代理
  agent = chat_prompt | model_with_tools | StrOutputParser()
  inputs = ["1+1 等于几", "3+3 等于几 ?"]
  config = RunnableConfig(max_concurrency=3)
  # 运行代理并记录结果
  results = agent.batch([{"text": x} for x in inputs], config=config)
  print(results)
  ```

- **查看代理运行信息**

  ```
  # 打印代理运行信息
  project_name = f"runnable-agent-test-{unique_id}"
  runs = client.list_runs(project_name=project_name)
  for run in runs:
      print(run)
  ```

也可以登录 LangSmith 平台查看执行时间、延迟、token 消耗等信息，如图 10-3 所示。

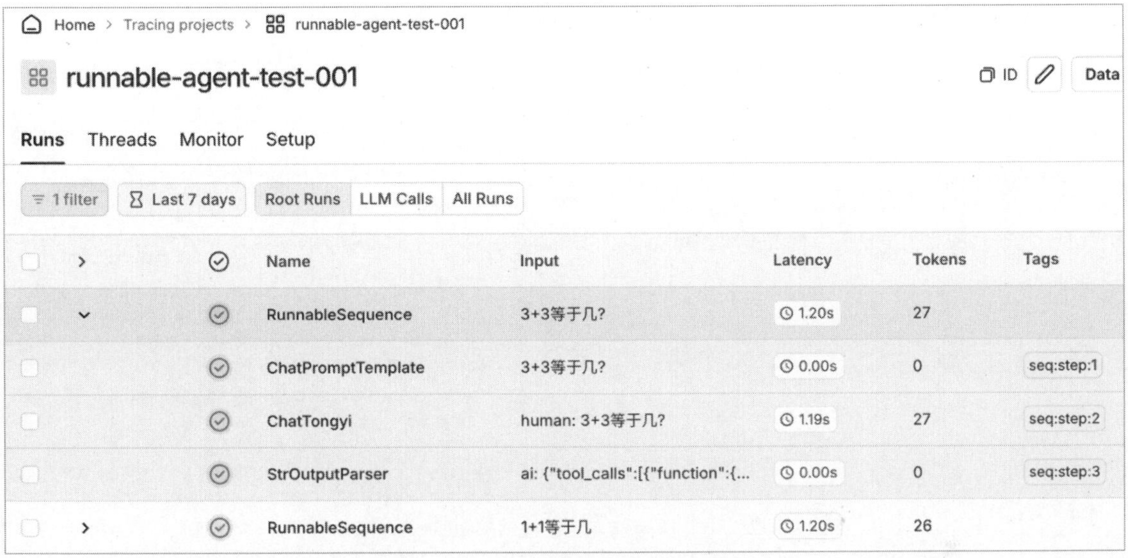

图 10-3　LangSmith 平台运行信息

● **评估代理**

使用 LangSmith 创建基准数据集，并运行 AI 辅助评估器对代理的输出进行评估：

```python
# 创建基准数据集
client = Client()
outputs = ["2", "6"]
dataset_name = f"agent-qa-{unique_id}"
dataset = client.create_dataset(dataset_name, description="agent 测试数据集 ")

for query, answer in zip(inputs, outputs):
    client.create_example(inputs={"input": query}, outputs={"output": answer},
dataset_id=dataset.id)

# 使用 LangSmith 评估代理
evaluation_results = client.run_on_dataset(dataset_name, agent)
print(evaluation_results)
```

- **导出数据集和运行结果**

LangSmith 允许将数据导出为常见格式（如 CSV 或 JSON），以便进一步分析，如图 10-4 所示。

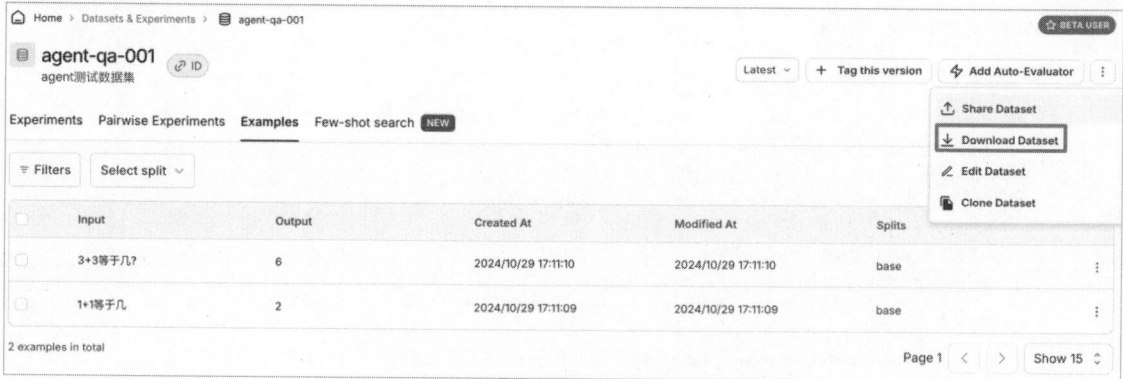

图 10-4　LangSmith 导出数据集入口

LangSmith 通过以上步骤来跟踪、评估并改进 LangChain 应用。

10.2.4　教程用例

在官方文档的 docs/additional_resources/tutorials 页面可以找到关于 LangChain 的第三方基础教程和进阶课程。

在官方文档的使用案例（docs/tutorials）页面可以查看有关 LangChain 常见用例的实现细节。

10.3　LangChain 的未来展望

LangChain 已经发展成一个涵盖 LLM 应用全生命周期的完整生态系统。在开发阶段，开发者可以基于 LangChain 快速编写常规的 LLM 应用，使用 LangGraph 构建复杂代理工作流；在部署阶段，LangGraph 云服务提供了专为代理设计的基础设施，支持大规模部署 LLM 应用，包括异步后台作业、内置持久性和分布式任务队列；在生产阶段，可以利用 LangSmith 对应用进行调试、协作、测试和监控，实现持续迭代。图 10-5 展示了 LangChain 整个生态系统的全景图。

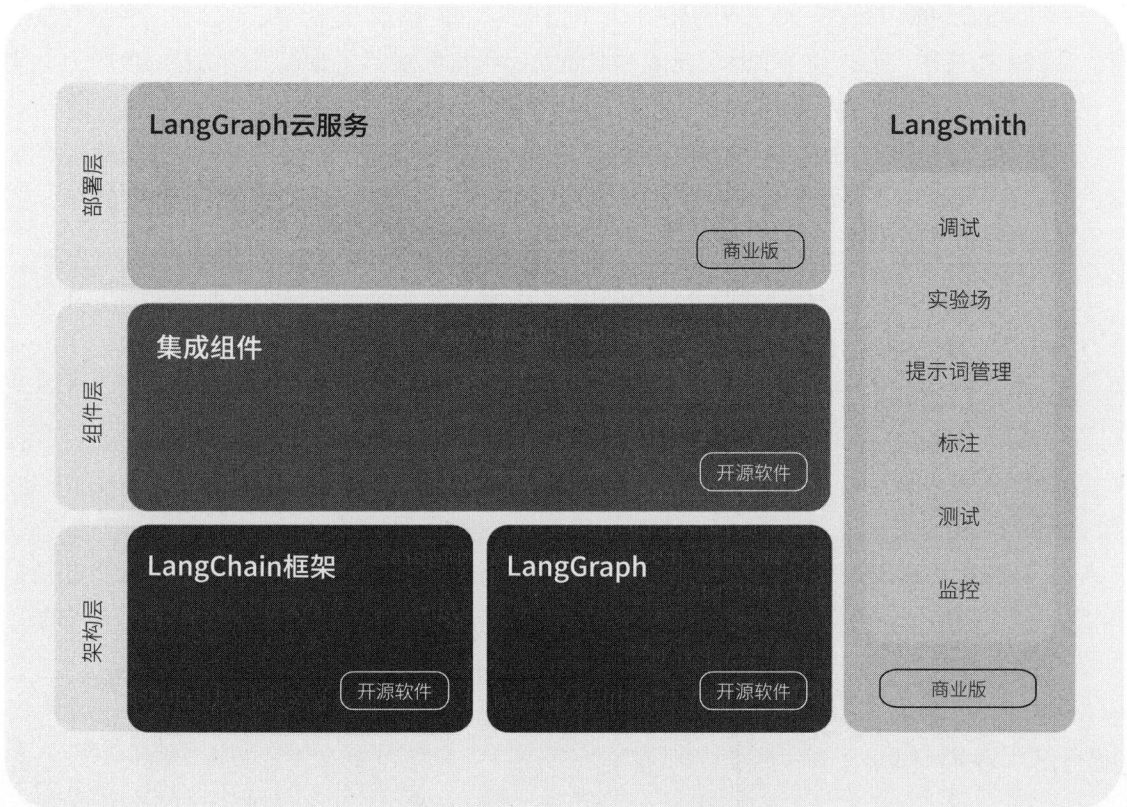

图 10-5　LangChain 生态系统全景图

10.3.1　生态系统概览

LangChain 生态系统主要包括以下几个方面。

☐ LangChain：LangChain 由三个关键部分组成。langchain-core 包定义了核心组件的基本抽象和接口，包括 Runnable 接口、大语言模型、向量存储和检索器，但不包含第三方集成，保持依赖项轻量；langchain 包涵盖链（Chains）、代理（Agents）和检索策略，构成了应用的一般架构；合作伙伴包，如 langchain-openai 和 langchain-anthropic 等，这些包专门针对流行的第三方服务提供优化的集成支持，其他由社区维护的第三方集成暂时统一归置在 langchain_community 中。

- ❑ LangSmith：LangSmith 平台提供了一个完整的工作流程，包括调试、协作、测试和监控 LLM 应用，它提供了成本、延迟和质量之间的权衡视图，提高了开发者的生产力，使得开发者能够更快地交付产品。
- ❑ LangGraph：LangGraph 专注于构建可控的代理工作流程，LangGraph 云服务提供了专为代理设计的基础设施，支持大规模部署 LLM 应用，包括异步后台作业、内置持久性和分布式任务队列等。

10.3.2　变化与重构

LangChain 正在向更加模块化、可扩展的框架转变，旨在改善开发者的使用体验。

- ❑ langchain-core：包括不同组件简单且模块化的核心抽象，未定义任何第三方集成，保持依赖项轻量。
- ❑ langchain-x：包含所有第三方集成，未来还会将一些与 LangChain 本身耦合严重但实际上属于第三方集成的包（比如 langchain-openai）都分离到这个独立的包中，后续开发的第三方集成也会纳入这个模块。

10.3.3　发展计划

LangChain 的未来发展计划涵盖以下几个方面。

- ❑ 生态系统强化：通过各种变化促进 LLM 应用生态系统的发展，鼓励更多用例的探索和优化。
- ❑ 集成合作伙伴：使合作伙伴能够更全面地管理他们的集成及相关框架。
- ❑ 跨语言兼容性：维持 Python 和 JavaScript 包间的功能一致性。

LangChain 0.3 版本的发布标志着对包架构的重大改进，这些改进旨在为开发者提供更稳定、可扩展且向后兼容的开发体验。这些变化预示着 LangChain 生态系统的蓬勃发展，为 LLM 应用的探索和构建铺平了道路。